国家"双高计划"水利水电建筑工程专业群系列教材

SHIZHENG

GUANDAO GONGCHENG

SHIGONG

市政管道工程施工（工作手册式）

工作手册式

主　编　常小会　赵慧敏
　　　　束　兵
副主编　王丽娟　李长青
　　　　郭力文
参　编　郑　溪　杜书怡
　　　　李　静　张　燕
主　审　张思梅

电子课件
（仅限教师）

华中科技大学出版社
http://press.hust.edu.cn
中国·武汉

内 容 提 要

本教材以实际工程项目为载体,以实际工作任务为基础,以在线课程为辅助,旨在培养具有市政管道工程施工图识读和管道施工能力的高端技能型人才。本书的主要内容包括市政给水管道开槽施工、市政排水管道开槽施工、市政热力管道开槽施工、市政燃气管道开槽施工、市政管道不开槽施工、市政管道的管理和维护。本书可作为高职高专市政工程技术、给水排水工程技术、道路桥梁工程技术等专业的教材,也可以作为成人高校的专业教材,还可以作为广大从业人员的自学参考用书。

图书在版编目(CIP)数据

市政管道工程施工:工作手册式/常小会,赵慧敏,束兵主编.—武汉:华中科技大学出版社,2023.5
(2024.8 重印)

ISBN 978-7-5680-9965-3

Ⅰ.①市… Ⅱ.①常… ②赵… ③束… Ⅲ.①市政工程-管道工程-工程施工
Ⅳ.①TU990.3

中国国家版本馆 CIP 数据核字(2023)第 161927 号

市政管道工程施工(工作手册式)　　　　　　常小会　赵慧敏　束　兵　主编
Shizheng Guandao Gongcheng Shigong(Gongzuo Shouceshi)

策划编辑:康　序
责任编辑:郭星星
封面设计:孢　子
责任监印:曾　婷
出版发行:华中科技大学出版社(中国·武汉)　　电话:(027)81321913
　　　　　武汉市东湖新技术开发区华工科技园　　邮编:430223
录　　排:武汉正风天下文化发展有限公司
印　　刷:武汉市籍缘印刷厂
开　　本:787mm×1092mm　1/16
印　　张:17.25
字　　数:395千字
版　　次:2024年8月第1版第3次印刷
定　　价:48.00元

本课程是市政工程技术专业的核心课程。本书依据高等职业学校市政工程技术专业的教学标准及国家(行业)现行规范、规程及技术标准,参照《建筑与市政工程施工现场专业人员职业标准》(JGJ/T 250—2011)编写而成,适于高等职业学校市政工程相关专业和市政施工一线工作人员使用。

为了使学生更加直观、形象地学习市政管道工程的施工过程,在内容编排上,本书以典型的市政工程项目为载体,以实际工作任务为单元,以"识图—施工工艺—功能性试验"为主线,在完成工作任务的过程中进行理论知识的学习。本书内容分为6个部分,包括市政给水管道开槽施工、市政排水管道开槽施工、市政热力管道开槽施工、市政燃气管道开槽施工、市政管道不开槽施工和市政管道的管理与维护。

为了方便学生课前预习和课后复习,也为了便于教师教学,我们在书中相关知识点旁边,以二维码的形式添加了作者们录制的课程资源,并链接了文中参考的规范、规程和标准,学生可以在课堂内外通过扫描二维码来阅读更多的学习资源,也节约了读者的搜集、整理时间。作者也会根据行业发展情况,不定期更新二维码所链接资源,以便教材内容与行业发展结合更为紧密。

本书由安徽水利水电职业技术学院的常小会、赵慧敏和安徽省(水利部淮河水利委员会)水利科学研究院束兵担任主编,由安徽水利水电职业技术学院的王丽娟、安徽省交通建设股份有限公司的李长青和辽宁省市政工程设计研究院有限责任公司的郭力文担任副主编,安徽水利水电职业技术学院的郑溪、杜书怡、李静和安徽绿海商务职业学院张燕也参与了本书的编写,本书最后由安徽水利水电职业技术学院张思梅主审。具体编写分工:工作手册1由常小会、束兵编写;工作手册2由赵慧敏编写;工作手册3由李长青编写;工作手册4由郭力文、张燕编写;工作手册5由王丽娟、李长青编写;工作手册6由郑溪、杜书怡编写;李静负责整理课程思政资源。

本书在编写过程中,参考并引用了许多生产单位的技术文献资料和网络上

的图片、案例，同时还得到了学院领导和诸多企业专家的大力支持，在此一并对他们表示衷心的感谢！

为了方便教学，本书还配有电子课件等资料，任课教师可以发邮件至husttujian@163.com索取。

由于编者水平所限，书中不足之处在所难免，恳请广大读者批评指正。

编　者

二〇二三年七月

工作手册 1

市政给水管道开槽施工

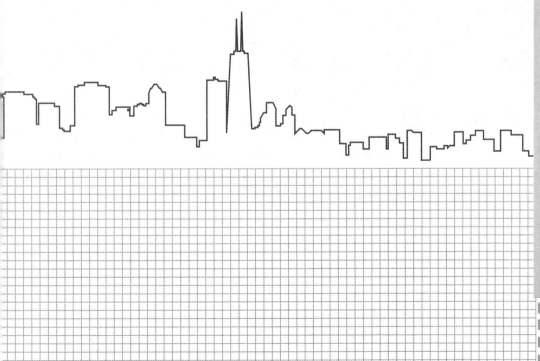

工程案例

　　安徽省阜阳市翡翠湖路为 2022 年新建道路，道路红线宽 40 米，东西走向，起于滨湖路，自西向东与五台山路、衡山路、嵩山路、华山路相交，最终与已建翡翠湖路顺接。设计路线全长约 2 公里。

学 习 目 标

知识目标

　　(1) 掌握市政给水管道施工图的识读方法。
　　(2) 掌握市政给水管道开槽的施工工艺。
　　(3) 掌握市政给水管道功能试验方法。

能力目标

　　(1) 能够正确识读施工图和其他工程设计文件。
　　(2) 能够参与开工前的安全条件检查，并参与施工安全技术交底。
　　(3) 能够根据市政工程质量验收方法及验收规范进行市政给水管道质量检验、验收和评定。

素质目标

　　(1) 具有安全第一、质量至上的理念。
　　(2) 具有遵纪守法、严守行规的规矩意识。
　　(3) 具有敬业专注、精益求精和科技创新的工匠精神。

学 习 导 读

　　本手册从识读给水管道施工图纸开始，介绍了一套完整的市政给水管道施工图的组成和识读方法；在熟悉施工图纸的基础上，按照给水管道开槽施工工艺流程进行施工过程讲解；最后进行管道施工质量检查与验收。整个手册由浅入深地介绍给水管道施工技术，直接体验管道施工的真实过程。

　　施工过程：识读施工图纸→施工放线→施工降排水→沟槽开挖与支撑→管道安装→给水管道功能性试验→沟槽回填。

　　沟槽开挖之前要进行施工放线，鉴于工程测量相关课程已经详细介绍此部分知识内容，在此不再赘述。

　　市政给水管道常用的管材有钢管、球墨铸铁管、塑料管、预应力钢筒混凝土管等。由于市政给水、排水、热力、燃气等管道所用管材和施工工艺具有很强的相似性，因此本部分将主要介绍球墨铸铁管的施工(给水钢管、埋地塑料给水管和预应力钢筒混凝土管的施工将以微课的形式展现)，钢管的施工工艺和塑料管的施工工艺将分别在工作手册 3 市政热力管道开槽施工和工作手册 4 市政燃气管道开槽施工中着重讲述。

任务 1　市政给水管道施工图识读

一、市政给水管道施工图的组成

市政给水管道施工图主要由管道平面图、管道纵断面图、管道结构详图及管道附属构筑物结构详图等组成。

在识读市政给水管道施工图之前应清楚管道的埋深关系,如图 1-1 所示。

(1) 覆土深度。覆土深度是指地面标高至管道外顶标高之间的距离。

(2) 埋设深度。埋设深度是指地面标高至管道内底标高之间的距离。

掌握管道的埋深关系,对于识读管道平面图、纵断面图,结合图纸计算管道土方工程量具有重要作用。

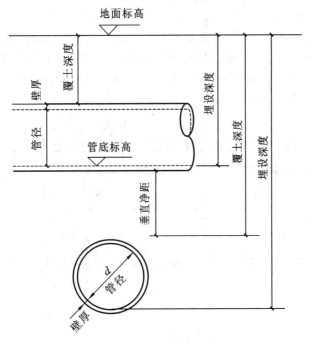

图 1-1　管道埋深关系图

在非冰冻地区,给水管道覆土深度的大小取决于外部荷载、管材强度、管道交叉情况,以及抗浮要求等因素。通常金属管道的最小覆土深度在车行道下为 0.7 m,在人行道下为 0.6 m;非金属管道的覆土深度为 1.0～1.2 m。当地面荷载较小,管材强度足够,或者采取相应措施能确保管道不致因地面荷载作用而损坏时,覆土深度也可适当减小。

在冰冻地区,给水管道覆土深度的大小,除了要考虑上述因素外还要考虑土壤的冰冻深度,这需要通过热力计算确定,覆土深度必须大于土层的最大冰冻深度。

当无实际资料时,管底在冰冻线以下的距离可按照以下几列经验数据确定:

$DN \leqslant 300$ mm 时,取 $DN + 200$ mm;

300 mm $< DN \leqslant 600$ mm 时,取 $0.75DN$;

$DN > 600$ mm 时,取 $0.5DN$。

二、市政给水管道施工图的识读步骤

1. 看目录和施工说明

通过目录了解图纸张数等信息,按照图纸目录检查各类图纸是否齐全,把它们准备在手边以便随时查看。

通过市政给水管道施工说明,了解工程内容、管材、接口等的类型,了解施工方法和技术要求。

2. 识读市政给水管道施工平面图

(1)市政给水管道施工图中,平面图是直接绘制在已有或配套新建的道路工程平面图上,管道走向、比例、施工坐标也与道路平面图中一致,如图1-2所示。

(2)根据图例确认给水管走线、节点、各种构筑物类型。

(3)给水管道一般用符号JS加以标注。管道上方通常会标注该段管道的管径大小(一般以 d 或 DN 开头,表示内径或公称直径大小)和敷设直线长度(以 m 为单位),如图1-2所示,节点JS11和节点JS12之间,$DN300-L=24.99$,表示两节点之间公称直径为 300 mm,敷设长度为 24.99 m。

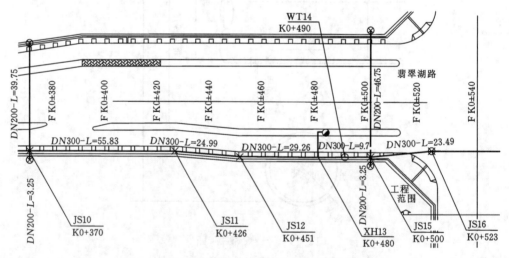

图1-2　市政给水施工平面图(部分)

3. 识读市政给水施工纵断面图

(1)比例:由于管道的长度方向比直径方向大得多,为了说明地面起伏情况,在纵断面中,通常采用横向和纵向的不同组合比例。如图1-3所示,横向比例和平面图一致采用1:1000,纵(横)向比例采用1:100。

(2)图样及高程标尺:图样显示管道及其附属构筑物的纵向布置、位置关系等,以及地面起伏变化情况;高程标尺可以显示管道坐标及埋设深度等。

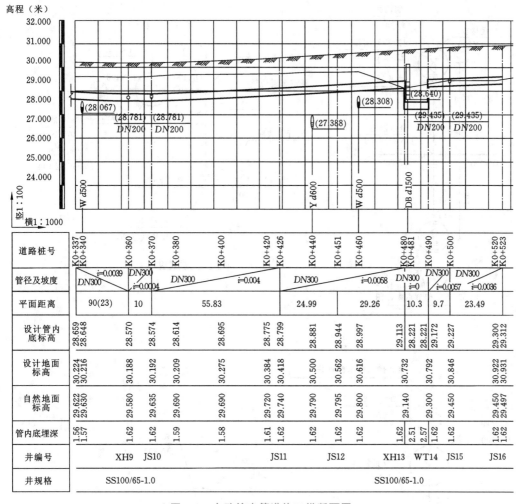

道路桩号	K0+337 K0+340	K0+360	K0+370	K0+380	K0+400	K0+420	K0+426	K0+440	K0+451	K0+460	K0+480 K0+481	K0+490	K0+500	K0+520 K0+523
管径及坡度	DN300　$i=0.0039$	DN300 $i=0.0004$	DN300		$i=0.004$	DN300			$i=0.0058$		DN300 $i=0$	DN300 $i=0.0057$	DN300 $i=0.0036$	
平面距离	90(23)	10	55.83			24.99		29.26			10.3	9.7	23.49	
设计管内底标高	28.659 28.648	28.570	28.574	28.614	28.695	28.775	28.799	28.881	28.944	28.997	29.113 28.221	28.221 29.172	29.227	29.300 29.312
设计地面标高	30.224 30.216	30.188	30.192	30.209	30.275	30.384	30.418	30.500	30.562	30.616	30.732	30.792	30.846	30.922 30.931
自然地面标高	29.622 29.630	29.580	29.635	29.690	29.690	29.720	29.740	29.790	29.795	29.800	29.140	29.300	29.450	29.450 29.497
管内底埋深	1.56 1.57	1.62	1.62	1.59	1.58	1.61 1.62	1.62	1.62	1.62	1.62	2.51 2.57	1.62	1.62 1.62	
井编号	XH9　JS10		JS11		JS12		XH13	WT14	JS15	JS16				
井规格	SS100/65-1.0						SS100/65-1.0							

图 1-3　市政给水管道施工纵断面图

（3）断面轮廓线型：管道纵断面图是沿干管轴线铅垂剖切后画出的断面图，压力流管道采用单粗实线绘制。

干管的有关情况和设计数据，以及在该干管纵断面、剖切到的阀门井、地面，以及其他管道的横断面，都用断面图的形式表示。图中还在其他管道的横断面处，标注了管道类型的代号、定位尺寸和标高。

（4）数据表：在断面图的下方，用表格分项列出了该干管的各项设计数据，例如，管径及坡度、平面距离、设计地面标高、设计管内底标高、自然地面标高、井编号、管内底埋深等内容。

如图 1-3 所示，节点 JS11 设计管内底标高为 28.799 m，设计地面标高为 30.418 m；节点 JS12 设计管内底标高为 28.944 m，设计地面标高为 30.562 m。

节点 JS11 管内底埋深：30.418 m－28.799 m＝1.619 m。

节点 JS12 管内底埋深：30.562 m－28.944 m＝1.618 m。

4.节点详图识读

如图 1-4 所示，根据图例详读各节点管道管件和附件，并掌握它们之间的安装顺序与安装关系。

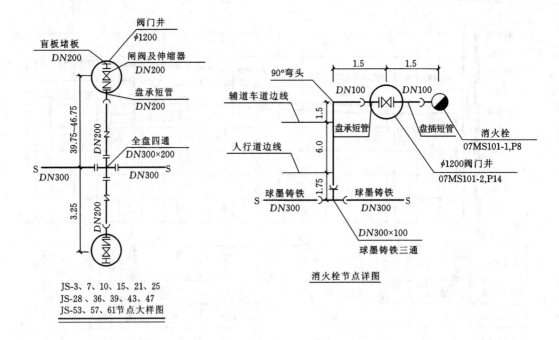

JS-3、7、10、15、21、25
JS-28、36、39、43、47
JS-53、57、61节点大样图

消火栓节点详图

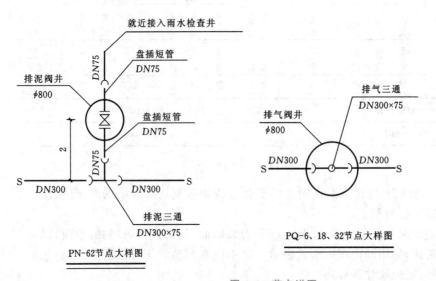

PN-62节点大样图

PQ-6、18、32节点大样图

图1-4　节点详图

5. 市政给水管道附属构筑物结构图识读

管道附属构筑物结构图通常采用平面图和剖面图来说明管道附属构筑物的结构。

（1）阀门井。本例中阀门井采用1.3 m×1.3 m地面操作钢筋混凝土矩形立式闸阀井（图1-5），详见国家建筑标准设计图集《市政给水管道工程及附属设施》（07MS101-2）P66、85。

图集 07MS101

（2）消防井：采用 D=1200 mm 钢筋混凝土圆形立式闸阀井（图1-6），详见国家建筑标准设计图集 07MS101-1 P24。

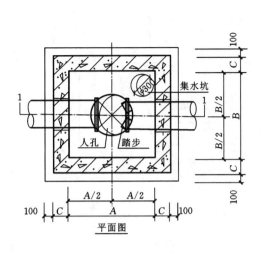

（a）阀门井平面图

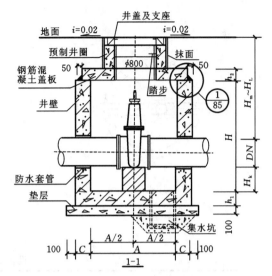

（b）阀门井1-1剖面图

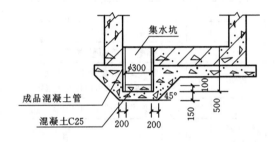

（c）集水坑剖面图

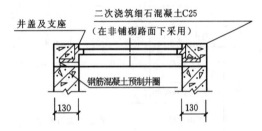

（d）井盖及支座安装图

各部尺寸表（mm）

闸阀直径 DN	各部尺寸 A	各部尺寸 B	井室深 H	壁厚 C	底板厚度 h_1	盖板厚度 h_2	管底距井底深 H_k	管顶覆土深度 $H_m \sim H_L$
50	1100	1100	1200	150	200	150		1200～3000
65	1100	1100	1200	150	200	150		1200～3000
80	1100	1100	1200	150	200	150		1200～3000
100	1100	1100	1500	150	200	150		1450～3000
125	1100	1100	1500	150	200	150	300	1450～3000
150	1300	1300	1500	150	200	150		1400～3000
200	1300	1300	1800	150	200	150		1650～3000
250	1300	1300	1800	150	200	150		1600～3000
300	1300	1300	1800	150	200	150		1550～3000
350	1400	1800	2500	200	250	200		2150～3000
400	1400	1800	2500	200	250	200		2100～3000
450	1400	1800	2500	200	250	200	400	2050～3000
500	1500	2100	3000	200	250	200		2500～3000
600	1500	2100	3000	200	250	200		2400～3000

（e）各部尺寸表

图1-5　阀门井

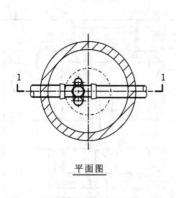

平面图

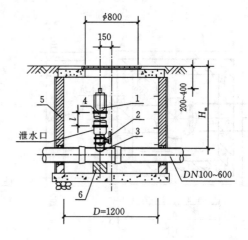

1-1剖面图

主要设备及材料表

编号	名称	规格		材料	单位	数量	备注
		1.0 MPa	1.6 MPa				
1	地下式消火栓	SA100/65-1.0	SA100/65-1.6	—	套	1	—
2	蝶阀	D71X-10 DN100	D71X-16 DN100	—	个	1	与消火栓配套供应
3	消火栓三通	铸铁或钢制三通	钢制三通	—	个	1	钢制三通详见国标图集 02S403
4	法兰接管	长度 l=250,500,…,1750		铸铁	个	1	管道覆土深度为 1000 时无此件，接管长度由设计人员选定
5	圆形立式闸阀井	D=1200		—	座	1	详见国标图集 07MS101-2
6	砖砌支墩	由设计人员确定		砖 MU7.5 砂浆 M7.5	—	—	—

图 1-6　消防井

（3）排气阀井：DN300 mm 管采用 1.2 m×1.2 m 钢筋混凝土矩形排气阀井，排气阀采用直径 DN80 mm 铸铁排气阀（图 1-7），详见国家建筑标准设计图集 07MS101-2 P162。

（4）泄水井（排泥湿井）：DN300 mm 管采用 ϕ1100 mm 混凝土模块圆形排泥湿井（图 1-8），详见国家建筑标准设计图集 12SS508。

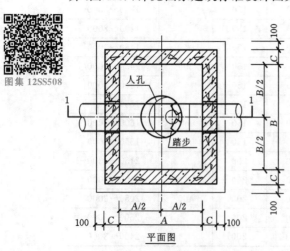

平面图

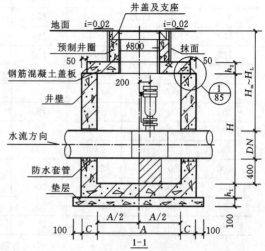

1-1

（a）

各部尺寸表（mm）

管道直径	各部尺寸		井室深	管顶覆土深度	壁厚	底板厚度	盖板厚度	排气阀直径 DN		
DN	A	B	H	$H_m \sim H_L$	C	h_1	h_2	a	b	c
100	1200	1200	1500	1350~3000				50	25	—
150	1200	1200	1500	1300~3000				50	25	—
200	1200	1200	1500	1250~3000				65	25	—
250	1200	1200	1750	1450~3000				65	50	—
300	1200	1200	1750	1400~3000	150	200	150	80	50	80
350	1200	1200	1750	1350~3000				80	50	80
400	1200	1200	1750	1300~3000				80	50	80
450	1200	1200	1750	1250~3000				80	80	80
500	1200	1200	2000	1450~3000				80	80	80
600	1200	1200	2000	1350~3000				80	80	80
700	1400	1400	2250	1550~3000				80	80	80
800	1400	1400	2250	1450~3000				80	80	80
900	1400	1600	2500	1600~3000				80	100	80
1000	1400	1600	2500	1500~3000	200	250	200	80	100	80
1200	1600	2000	2750	1550~3000				100	150	100
1400	1600	2000	3000	1600~3000				150	200	150
1600	1600	2400	3250	1650~3000				150	200	150
1800	1600	2400	3500	1700~3000				200	200	200

（b）

图 1-7　排气阀井

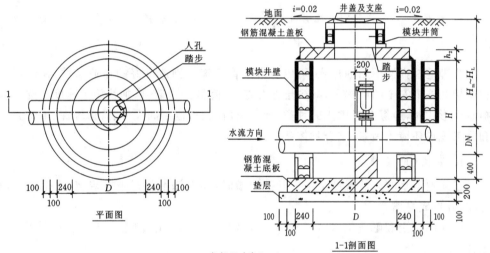

1-1剖面图

各部尺寸表（mm）

管道直径 DN	井径 D	井室深 H	管顶覆土深度 $H_m \sim H_L$	盖板厚度 h_2	排气阀直径 DN
100	1200	1580	1430~4000	150	50
150	1200	1580	1380~4000	150	50
200	1200	1580	1330~4000	150	65
250	1200	1760	1460~4000	150	65
300	1200	1760	1410~4000	150	80
350	1200	1760	1360~4000	150	80
400	1200	1760	1310~4000	150	80
450	1200	1760	1260~4000	150	80
500	1200	1940	1390~4000	150	80
600	1200	1940	1290~4000	150	80
700	1400	2300	1550~4000	150	80
800	1400	2300	1450~4000	150	80
900	1600	2480	1530~4000	150	80
1000	1600	2480	1430~4000	150	80
1200	2000	2840	1640~4000	200	100
1400	2000	3020	1620~4000	200	150
1600	2400	3200	1600~4000	200	150
1800	2400	3560	1760~4000	200	200

图 1-8　排泥湿井

任务 2 沟槽开挖

沟槽开挖微课

一、沟槽断面形式的选择

常用的沟槽断面形式有直槽、梯形槽、混合槽和联合槽四种，如图 1-9 所示。

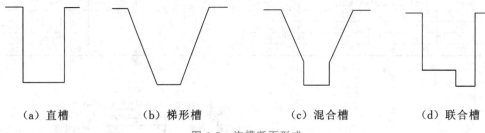

(a) 直槽　　　　(b) 梯形槽　　　　(c) 混合槽　　　　(d) 联合槽

图 1-9　沟槽断面形式

合理地选择沟槽断面形式，可以为市政管道施工创造良好的作业条件，在保证工程质量和施工安全的前提下，减少土方开挖量，降低工程造价，加快施工速度。选择沟槽断面形式时，应综合考虑土的种类、地下水情况、管道断面尺寸、管道埋深、施工方法和施工现场环境等因素，结合具体条件确定。

1. 直槽（免支撑）

在无地下水的天然湿度土壤中开挖沟槽时，如沟深不超过下列规定，沟壁可不设边坡，开挖成直槽。

填实的砂土和砾石土：1 m。亚砂土和亚黏土：1.25 m。黏土：1.5 m。特别密实的土：2 m。

直槽还适用于工期短、深度较浅的小管径工程，在地下水位以下采用直槽时则要考虑使用支撑。

2. 梯形槽（大开槽）

当土壤具有天然湿度，构造均匀，无地下水，水文地质条件良好，挖深在 5 m 以内时可采用梯形槽，应用较广泛。

3. 混合槽

当槽深较大时宜分层开挖成混合槽。人工挖槽时，每层深度以不超过 2 m 为宜，机械开挖则按机械性能确定。

4. 联合槽

联合槽适用于两条或两条以上的管道埋设在同一沟槽内的情况。

二、沟槽断面尺寸的确定

如图 1-10 所示，以梯形槽为例，沟槽断面各部位的尺寸按如下方法确定。

(一) 沟槽的下底宽度

沟槽的下底宽度通常按下式计算：

$$B = D_0 + 2(b_1 + b_2 + b_3) \tag{1-1}$$

式中：B——管道沟槽底部的开挖宽度(mm)；

D_0——管外径(mm)；

b_1——管道一侧的工作面宽度(mm)，可按表 1-1 选取；

b_2——有支撑要求时，管道一侧的支撑厚度可取 150～200 mm；

b_3——现场浇筑混凝土或钢筋混凝土管渠一侧模板的厚度(mm)。

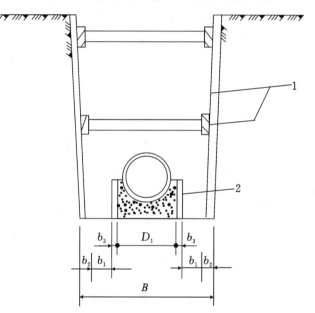

图 1-10 沟槽底部开挖宽度

1—支撑；2—模板

表 1-1 管道一侧的工作面宽度

管道外径 D_0/mm	管道一侧的工作面宽度 b_1/mm		
		混凝土类管道	金属类管道、化学建材管道
$D_0 \leqslant 500$	刚性界面	400	300
	柔性界面	300	
$500 < D_0 \leqslant 1000$	刚性界面	500	400
	柔性界面	400	

续表

管道外径 D_0/mm			管道一侧的工作面宽度 b_1/mm	
			混凝土类管道	金属类管道、化学建材管道
$1000 < D_0 \leq 1500$	刚性界面		600	500
	柔性界面		500	
$1500 < D_0 \leq 3000$	刚性界面		800～1000	700
	柔性界面		600	

注：① 槽底需设排水沟时，b_1 应当增加；

　　② 管道有现场施工的外防水层时，b_1 宜取 800 mm；

　　③ 采用机械回填管道侧面时，b_1 需满足机械作业的宽度要求。

（二）沟槽开挖深度的确定

沟槽开挖深度按管道设计纵断面确定，通常按下式计算：

$$H = H_1 + h_1 + l_1 + t \tag{1-2}$$

式中：H——沟槽开挖深度（m）；

　　　H_1——管道设计埋设深度（m）；

　　　h_1——管道基础厚度（m）；

　　　l_1——管座厚度（m）；

　　　t——管道壁厚（m）。

施工时，如沟槽地基承载力较低，需要加设基础垫层时，沟槽的开挖深度还需考虑垫层的厚度。

（三）边坡坡率

为了保持沟槽壁的稳定，要有一定的边坡坡率（边坡铅垂方向上高度与坡面水平方向上的投影长度的比值），在工程上通常以 1:m 的形式表示。沟槽边坡坡率一般应根据土壤种类、施工方法、槽深等因素确定。

采用大开槽开挖时，在地质条件良好、土质均匀、地下水位低于沟槽底面高程，且开挖深度在 5 m 以内不加支撑时，边坡最陡坡度应符合表 1-2 的规定。

表 1-2　深度在 5 m 以内的沟槽边坡的最陡坡度

土的类别	边坡坡度（高:宽）		
	坡顶无荷载	坡顶有荷载	坡顶有动载
中密的砂土	1:1.00	1:1.25	1:1.50
中密的碎石类土（充填物为砂土）	1:0.75	1:1.00	1:1.25
硬塑的粉土	1:0.67	1:0.75	1:1.00
中密的碎石类土（充填物为黏性土）	1:0.50	1:0.67	1:0.75
硬塑的粉质黏土、黏土	1:0.33	1:0.50	1:0.67
老黄土	1:0.10	1:0.25	1:0.33
软土（经井点降水后）	1:1.25	—	—

（四）沟槽上口宽度的确定

沟槽上口宽度按下式计算：

$$W = B + 2H/(1:m) \qquad (1-3)$$

式中：W——沟槽的上口宽度（m）；

B——沟槽的下底宽度（m）；

H——沟槽的开挖深度（m）；

$1:m$——沟槽槽壁边坡率，取值根据表1-2确定。

三、沟槽土方开挖

（一）沟槽放线

沟槽开挖前，应建立临时水准点并加以核对，测设管道中心线、沟槽边线及附属构筑物位置。临时水准点一般设在固定建筑物上，且不受施工影响，并妥善保护，使用前要校测。沟槽边线测设好后，用白灰放线，以作为开槽的依据（图1-11）。根据测设的管道中心线，在沟槽两端埋设固定的中线桩，以作为控制管道平面位置的依据。

图1-11 沟槽开挖放线图

（二）沟槽开挖

1. 开挖方法

土方开挖分为人工开挖和机械开挖两种方法。为了加快施工速度，提高劳动生产率，凡是具备机械开挖条件的现场，均应采用机械开挖。

2. 土方开挖要点

（1）开挖前应认真解读施工图，合理确定沟槽断面形式，了解土质、地下水位等施工现场环境，结合现场的水文、地质条件，合理确定开挖顺序。

（2）挖土应由上而下逐层进行，禁止逆坡挖土或掏洞。

（3）应严格按要求放坡。

（4）为保证沟槽槽壁稳定和便于排管，挖出的土应堆置在沟槽一侧，堆土距沟槽边缘应不小于 0.8 m，且高度不应超过 1.5 m（如图 1-12）；沟槽边堆置土方不得超过设计堆置高度。

图 1-12　沟槽堆土要求

（5）土方开挖不得超挖，以减小对地基土的扰动。采用机械挖土时，可在槽底设计标高以上预留 200 mm 土层不挖，待人工清理，即使采用人工挖土也不得超挖。如果挖好后不能及时进行下一工序时，可在槽底标高以上留 150 mm 的土层不挖，待下一工序开始前再挖除。

（6）采用机械开挖沟槽时，应由专人负责掌握挖槽断面尺寸和标高（如图 1-13）。

图 1-13　控制沟槽断面尺寸和标高

（7）施工机械离沟槽上口边缘应有一定的安全距离。

（8）沟槽开挖深度超过 3 m 时，应使用吊装设备吊土，坑内人员应离开起吊点的垂直正下方，并戴安全帽。

（9）应沿沟槽合理设置爬梯，爬梯设置根据现场条件可用钢管扣件进行搭设也可以采用合格的成品安全梯（如图 1-14），满足施工人员上下沟槽以及紧急情况逃生要求。

（10）沟槽两侧应设置稳固的防护，防护高度不低于 1.2 m，应设置安全警示标志，夜间应设置警示红灯（如图 1-15）。

（11）堆土应用防尘网进行覆盖（如图 1-16），并满足当地政府治污减霾的要求。

图 1-14　安全梯图

图 1-15　防护与警示标志图

图 1-16　堆土与覆盖图

3. 开挖质量要求

(1) 严禁扰动槽底土壤,如发生超挖,严禁用土回填;

(2) 槽壁平整,边坡符合设计要求;

(3) 槽底不得受水浸泡或受冻。

四、沟槽地基处理

地基处理的目的是：改善土的力学性能，提高抗剪强度，降低软弱土的压缩性，减少基础的沉降，消除或减少湿陷性黄土的湿陷性和膨胀土的胀缩性。

沟槽地基处理的方法有以下四种：

1. 换土垫层法

换土垫层法是指将基础底面下一定深度范围内的软弱土层部分或全部挖去，然后换填强度较大的砂、碎石、素土、灰土、粉煤灰、干渣等性能稳定且无侵蚀性的材料，并分层夯压至要求的密实度。该法又称换填法。

2. 碾压与夯实

碾压与夯实是指通过机械设备对土壤施加压力，使填土或地基表层疏松土孔隙体积减小，密实度提高的方法，目的是降低土的压缩性，提高其抗剪强度和承载力。

3. 挤密桩法

挤密桩法通常在湿陷性黄土地区使用较广，是指用冲击或振动方法，把圆柱形钢质桩管打入原地基，拔出后形成桩孔，然后用素土、灰土、石灰土、水泥土等物料回填和夯实，从而形成增大直径的桩体，并同原地基一起形成复合地基，如图 1-17 所示。

图 1-17　挤密桩施工

4. 注浆液加固法

注浆液加固法是利用液压、气压或电化学原理，通过注浆管将浆液均匀地注入地层中，浆液以填充、渗透和挤密等方式，赶走土粒间或岩石缝隙中的水分和空气后占据其他位置，经人工控制一段时间后，浆液将原有松散的土粒和裂缝胶结成一个整体，形成一个结构新、强度大、防水性能和化学稳定性良好的"结石体"，如图 1-18 所示。

五、市政给水管道基础

市政给水管道常用的基础有天然基础、砂石基础、混凝土基础等，如图 1-19 所示。

图 1-18 注浆液加固

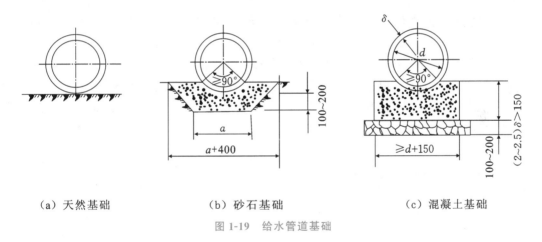

（a）天然基础　　　　　（b）砂石基础　　　　　（c）混凝土基础

图 1-19 给水管道基础

1. 天然基础

当管底地基土层承载力较高,地下水位较低时,可采用天然地基作为管道基础。施工时,将天然地基整平,管道铺设在未经扰动的原状土上即可,如图 1-19（a）所示。为安全起见,可将天然地基夯实后再铺设管道;为保证管道铺设的位置正确,可将槽底做成 90°～135°的弧形槽。

2. 砂石基础

原状地基为岩石或坚硬土层时,管道下方应铺设的细砂垫层,如图 1-19（b）所示,其厚度应符合表 1-3 的规定:

表 1-3　砂垫层厚度

管道种类	管外径/mm		
	$D_0 \leqslant 500$	$500 < D_0 \leqslant 1000$	$D_0 > 1000$
	垫层厚度/mm		
柔性管道	≥100	≥150	≥200
柔性接口的刚性管道	150~200		

3. 混凝土基础

当管底地基土质松软,承载力低时,应采用混凝土基础。根据地基承载力的实际情况,可采用强度等级不低于 C10 的混凝土带形基础,也可采用混凝土枕基,如图 1-19(c) 所示。

任务 3　沟槽支撑

支撑是由木材或钢材做成的一种防止沟槽土壁坍塌的临时性挡土结构。支撑的荷载是原土和地面上的荷载所产生的侧向压力。支撑加设与否应根据土质、地下水情况、槽深、槽宽、开挖方法、排水方法、地面荷载等因素确定。一般情况下,当沟槽土质较差、深度较大而又挖成直槽时,或高地下水位沙性土质并采用明沟排水措施时,均应支设支撑。当沟槽土质均匀并且地下水位低于管底设计标高时,直槽不加支撑的深度不宜超过表 1-4 的规定。

表 1-4　不加支撑的直槽最大深度

土质类型	直槽最大深度/m
密实、中密的沙土和碎石类土	1.0
硬塑、可塑的轻亚黏土及亚黏土	1.25
硬塑、可塑的黏土和碎石土	1.5
坚硬的黏土	2.0

在市政管道工程施工中,常用的沟槽支撑有如下形式。

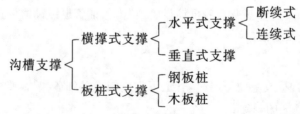

一、横撑式支撑

(一)分类

横撑式支撑分为水平式支撑和垂直式支撑。

水平式支撑(如图1-20):即撑板水平放置,有断续式和连续式两种形式。

沟槽横撑式
支撑微课

断续式水平支撑,适用于土质为能保持直立壁的干土或天然湿度的黏土,且深度在3 m以内的沟槽。

连续式水平支撑,适用于土质为较潮湿的或散粒的土,且深度在 5 m 以内的沟槽。

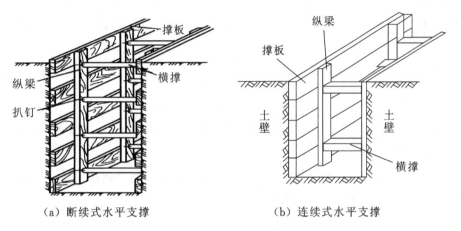

(a)断续式水平支撑 (b)连续式水平支撑

图 1-20　水平式支撑

垂直式支撑(如图1-21):即撑板垂直放置,一般使用连续的撑板。垂直式支撑适用于土质较松散或湿度很高、地下水较少的沟槽,深度不限。

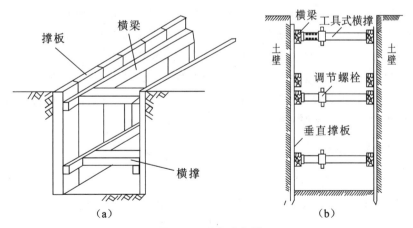

(a) (b)

图 1-21　垂直式支撑

(二)支撑的组成及材料要求

不论是水平式支撑还是垂直式支撑,它们都主要由撑板、纵梁(横梁)、横撑组成。

1. 撑板

撑板有金属撑板和木撑板两种。

金属撑板由钢板焊接于槽钢上拼成，槽钢间用型钢联系加固，每块撑板长度有 2 m、4 m、6 m 等种类。

木撑板不应有裂纹等缺陷，厚度不宜小于 50 mm，长度不宜小于 4 m。

2. 纵梁和横梁

纵梁和横梁通常采用槽钢，其截面尺寸为 100 mm×150 mm～200 mm×200 mm。如采用方木，其断面尺寸不宜小于 150 mm。

3. 横撑

横撑有木横撑和金属横撑两种。木横撑宜为圆木，其梢径不宜小于 10 mm，长度根据具体情况而定。金属横撑为工具式撑杠，由撑头和圆套管组成，如图 1-21(b) 所示。

（三）横撑的支设

1. 水平式支撑的支设

首先支设撑板并要求紧贴槽壁，而后安设纵梁和横撑，必须横平竖直、支设牢固。

2. 垂直式支撑的支设

将撑板密排立贴在槽壁，再将横梁支设在撑板上下两端并加横撑固定。随着挖土的深入，撑板底端高于槽底，再逐块将撑板锤打到槽底。

3. 支设要点

(1) 每根横梁或纵梁不得少于 2 根横撑；横撑的水平间距宜为 1.5～2.0 m；横撑的垂直间距不宜大于 1.5 m。

(2) 横撑影响下管时，应有相应的替撑措施或采用其他有效的支撑结构。

(3) 在软土或其他不稳定土层地区，采用横排撑板支撑时，开始支撑的沟槽开挖深度不得超过 1.0 m，开挖与支撑应交替进行，交替深度宜为 0.4～0.8 m。

(4) 横梁应水平，纵梁应垂直，且与撑板密贴，连接牢固。

(5) 横撑应水平，与横梁或纵梁垂直，且支紧、牢固。

(6) 采用横排撑板支撑，遇有柔性管道横穿沟槽时，管道下面的撑板上缘应紧贴管道安装；管道上面的撑板下缘距管道顶面不宜小于 100 mm。

（四）横撑的拆除

1. 水平式支撑的拆除

拆除横撑时，先松动最下一层的横撑，抽出最下一层撑板，然后回填土，回填完毕后再拆除上一层撑板，依次将撑板全部拆除，最后将纵梁拔出。

2. 垂直式支撑的拆除

拆除垂直式支撑时，先回填土至最下层横撑底面，松动最下一层的横撑，拆除最下一层的横梁，然后回填土。回填至上一层横撑底面时，再拆除上一层的横撑和横梁，依次将横撑和横梁全部拆除后,最后用吊车或导链拔出撑板。

3. 拆除的注意事项

(1)拆除支撑前,应对沟槽两侧的建筑物、构筑物和槽壁进行安全检查,并制定拆除支撑的作业要求和安全措施。

(2)支撑的拆除应与回填土的填筑高度配合进行,且在拆除后及时回填。

(3)对于设置排水沟的沟槽,应从相邻排水井的分水线向两端延伸拆除。

(4)对于多层支撑沟槽,应待下层回填完成后再拆除其上层槽的支撑。

(5)拆除单层密排撑板支撑时,应先回填至下层横撑底面,再拆除下层横撑,待回填至半槽以上,再拆除上层横撑;一次拆除有危险时,宜采取替换拆撑法拆除支撑。

二、板桩式支撑

(一)分类

板桩式支撑一般有钢板桩和木板桩两种,是在沟槽土方开挖前就将板桩打入槽底以下一定深度。其优点是土方开挖及后续工序不受影响,施工条件良好。适用于沟槽挖深较大,地下水丰富、有流砂现象或砂性饱和土层以及采用一般支撑不能奏效的情况。

沟槽板桩式
支撑微课

目前常用的钢板桩有型钢、槽钢、工字钢、Z字钢或特制的钢板桩等,如图 1-22 所示。钢板桩适用于砂土、黏性土、碎石类土层,开挖深度可达 10 m 以上。钢板桩可不设横梁和支撑,但如入土深度不足,仍需要辅以横梁和横撑(如图 1-23)。

木板桩所用木板厚度应符合强度要求,允许偏差为 20 mm。为了保证木板桩的整体性和水密性,木板桩两侧有榫口连接,板厚小于 8 cm 时常采用人字形榫口,厚度大于 8 cm 的板桩常采用凸凹企口形榫口,凹凸榫相互吻合(如图 1-24)。桩底部为双斜面形桩脚,一般应增加铁皮桩靴。木板桩适用于地层不含卵石土质,且深度在4 m以内的沟槽或基坑。

(二)钢板桩支设

1. 桩架

桩架(如图 1-25)是沉桩的主要设备之一,它在沉桩施工中除起导向作用(控制桩锤沿着导杆的方向运动)外,还起吊锤、吊桩、吊插射水管等作用(相当于起重机)。

桩架的形式很多,选择时应考虑桩锤的类型、桩的长度和施工条件等因素。目前常用的有下列三种桩架:

(1)滚筒式桩架[如图 1-25(a)]。滚筒式桩架行走靠两根钢滚筒在垫木上滚动,其优点是结构简单、制作容易,但在平面转弯、调头方面不够灵活,操作人员较多,适用于预制桩及灌注桩施工。

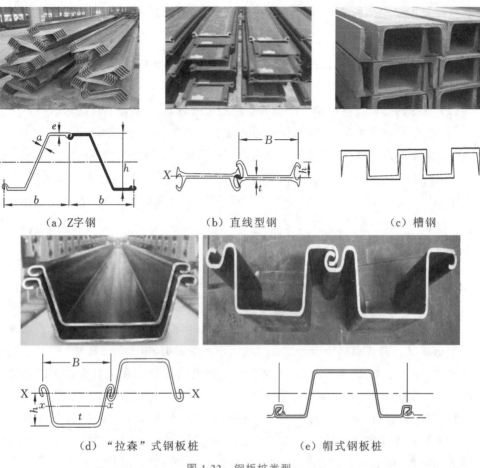

（a）Z字钢　　　　　　　（b）直线型钢　　　　　　（c）槽钢

（d）"拉森"式钢板桩　　　　　　（e）帽式钢板桩

图 1-22　钢板桩类型

图 1-23　钢板桩支撑

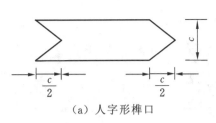

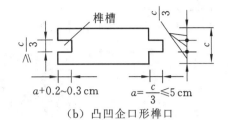

（a）人字形榫口　　　　　　（b）凸凹企口形榫口

图 1-24　木板桩支撑

（2）多功能桩架［如图 1-25（b）］。多功能桩架由立柱、斜撑、底盘、回转工作台及传动机构组成，其机动性和适应性很强，在水平方向可作 360°回转。导架可以伸缩和前后倾斜，底盘下装有轮子，可在轨道上行走。这种桩架适用于各种预制桩和灌注桩施工。其缺点是机构庞大、现场组装和拆迁较麻烦。

（3）履带式桩架［如图 1-25（c）］。履带式桩架以履带式起重机为底盘，增加立柱和斜撑组成。履带式桩架的性能比多功能桩架灵活，移动方便，适用范围更广，可适用于各种预制桩及灌注桩施工。

（a）滚筒式桩架　　　　　　（b）多功能桩架　　　　　　（c）履带式桩架

图 1-25　钢板桩支设桩架

2.钢板桩支设常用方法

（1）振动沉桩［如图 1-26（a）］。

振动沉桩适用于黏性土、粉土、砂土和素填土。对于硬塑和坚硬的黏性土、标贯击数大于 30 的砂土或砾石，可采用预引孔或高压射水等辅助措施。

振动沉桩应符合下列规定：

① 应整体起吊振动锤和钢板桩，禁止采用振动锤拖拉钢板桩就位。

② 振动沉桩前，桩身中心线应与振动锤中心线重合，防止偏心振动。

③ 沉桩时，应保持桩体持续贯入，减少中间停机时间，沉桩贯入速率应根据地层情况、钢板桩规格和工程经验等综合确定。

④ 沉桩过程中，遇到沉桩突然加速、桩身严重倾斜、脱榫、桩体损坏等情况时，应

暂停打桩,并分析原因,采取相应措施。

　　⑤ 应根据现场环境状况采取防振动和防噪声措施。

　　（a）振动沉桩　　　　　　　（b）锤击沉桩　　　　　　　（c）静压沉桩

图 1-26　钢板桩支设方法

　　（2）锤击沉桩[如图 1-26(b)]。

　　锤击沉桩适用于黏性土、粉土、砂土和素填土。对于硬塑和坚硬的黏性土、标贯击数大于 40 的砂土或砾石、松软到中等松软的岩层,可采用预引孔或高压射水等辅助措施。对振动和噪声影响敏感的场地,应限制使用锤击沉桩。

　　锤击沉桩应符合下列规定:

　　① 沉桩过程中应及时调整机座和桩架,使桩锤上下运动轨迹与桩身横截面形心在同一中心线上。

　　② 应根据钢板桩的规格性能以及使用的锤型,控制锤击数,沉桩时最大锤击压应力不应大于钢板桩钢材抗压强度设计值,桩锤上应装有记录能量、击数的数字读数器。

　　③ 在硬黏土中沉桩时,宜采用重锤低击方式;在密实的砂性土中沉桩时,宜采用小锤快打方式。

　　④ 应严格控制每次锤击沉桩的入土深度,宜为 300～500 mm/次,对于有止水要求的钢板桩,当大于此范围时,应对其锁口进行封闭性检查或采取其他止水措施。

　　⑤ 沉桩应连续作业,减少中间停锤时间,并应避免桩端在硬黏土或密实砂性土中停留时间过长。

　　⑥ 沉桩过程中,遇到贯入度剧变、桩身突然倾斜、脱榫、桩体损坏等情况时,应暂停打桩,并分析原因,采取相应措施。

　　⑦ 应根据现场环境状况采取防噪声和防振动措施。

　　（3）静压沉桩[如图 1-26(c)]。

　　静压沉桩适用于软土、黏性土、粉土、松散砂土和素填土。对于硬塑和坚硬的黏性土、标贯击数大于 25 的砂土或砾石,可采用预引孔或高压射水等辅助措施。

　　静压沉桩应符合下列规定:

　　① 压桩时宜将桩一次性连续压到设计标高,合理控制压桩速率。

　　② 抱压压桩力不应大于桩身允许侧向压力的 1.1 倍。

③ 采用静压沉桩法打长桩时,宜每间隔 50 m 采用楔形桩对钢板桩施打方向的倾斜进行矫正。

3.钢板桩施工要点

(1)将钢板桩吊至插桩点处进行插桩,在插打时必须备有导向设备,以保证钢板桩的正确位置。

(2)钢板桩锁口处应用止水材料捻缝,以防漏水。

(3)接长的钢板桩,相邻两钢板桩的接头位置应上下错开。

(4)单桩逐根连续插打桩顶高程不宜相差过大。

(5)在定位和打桩过程中,应配备桩身垂直度观测仪器,实时对钢板桩的垂直度进行监测,宜每打入 1 m 测量一次,垂直度应不超过 2%,出现偏差应及时校正后再继续沉桩施工,当偏斜过大不能用拉齐方法矫正时,应拔起重打。

(6)土方开挖应分层分区连续施工,土方开挖至板顶以下 1 m 处,围檩及支撑设置应在板桩顶以下 0.5 m 处。

(7)围檩与围护结构之间紧密接触,不得留有缝隙。

(三)钢板桩拆除

(1)在回填达到规定要求高度后,方可拔除钢板桩。

(2)钢板桩拔除后应及时回填桩孔。

(3)回填桩孔时应采取措施填实;采用砂回填时,非湿陷性黄土地区可冲水助沉;有地面沉降控制要求时,宜采取边拔桩边注浆等措施。

任务4　施工降排水

市政管道开槽施工时,有时候因埋深较深,经常遇到地下水。土层内的水分主要以水汽、结合水、自由水三种状态存在,结合水没有出水性,自由水对市政管道开槽施工起主要影响作用。当沟槽开挖后自由水在水力坡降的作用下,从沟槽侧壁和沟槽底部渗入沟槽内,使施工条件恶化,严重时,会使沟槽侧壁土体坍落,地基土承载力下降,从而影响沟槽内的施工。因此,在市政管道开槽施工时必须做好施工排(降)水工作。

施工降排水有集水明排和人工降低地下水位两种方法。不论采用哪种方法,都应将地下水位降到槽底以下一定深度,以改善槽底的施工条件,还要稳定边坡、稳定槽底、防止地基土承载力下降,进而为市政管道的开槽施工创造有利条件。

一、集水明排

1.集水明排原理(如图 1-27)

集水明排是将从槽壁、槽底渗入沟槽内的地下水以及流入沟槽内的地表水和雨水,经沟槽内的排水沟汇集到集水井,然后用水泵抽走的排水方法。

集水明排微课

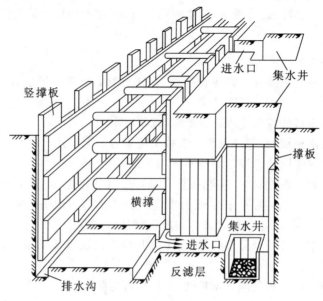

图 1-27 集水明排原理

2. 集水明排布置

（1）沿排水沟宜每隔 30～50 m 设置一口集水井,集水井、排水沟不应影响地下工程施工。

（2）排水沟深度和宽度应根据基坑排水量确定,坡度宜为 0.1%～0.5%。

（3）集水井尺寸和数量应根据汇水量确定,深度应大于排水沟深度 1.0 m。

（4）排水管道的直径应根据排水量确定,排水管的坡度不宜小于 0.5%。

（5）降水工程排水设施与市政管网连接口之间应设沉淀池。

（6）分层集水明排要点。

① 分层集水明排适用于基坑（槽）深度较大,地下水位较高,且多层土中上部有透水性较强土的条件（图 1-28）;

② 在基坑边坡上设置 2～3 层明沟及相应集水井,分层排除上部土壤中的地下水;

③ 明沟及集水井的做法同单层明沟排水。

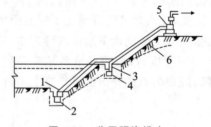

图 1-28 分层明沟排水

1—底层排水沟;2—底层集水井;3—二层排水沟;4—二层集水井;5—水泵;6—水位降低线

3. 集水明排设备选择

（1）离心泵:根据流量和扬程选型,安装时应注意吸水管接头不漏气及吸水头部至少沉入水面以下 0.5 m,以免吸入空气,影响水泵的正常使用。

（2）潜水泵：这种泵具有整体性好、体积小、重量轻、移动方便及开泵时不需灌水等优点，在施工排水中广泛应用。使用时，应注意不得脱水空转，也不得抽升含泥沙量过大的泥浆水，以免烧坏电机。

（3）潜污泵：潜污泵的泵与电动机连成一体潜入水中工作，由水泵、三相异步电动机、密封橡胶圈和电器保护装置四部分组成。该泵的叶轮前部装有一搅拌叶轮，它可将作业面下的泥沙等杂质搅起抽吸排送。

4. 集水明排施工

（1）排水沟施工。

排水沟的开挖断面应根据地下水量及沟槽的大小来决定，通常排水沟的底宽不小于0.3 m，排水沟深应大于0.3 m，排水沟的纵向坡度不应小于3‰～5‰，且坡向集水井。若在稳定性较差的土壤中施工，可在排水沟内埋设多孔排水管，并在其周围铺卵石或碎石加固；亦可在排水沟内埋设管径为150～200 mm的排水管，排水管接口处留有一定缝隙，排水管两侧和上部也用卵石或碎石加固；或在排水沟内设板框、荆笆等支撑。

（2）集水井施工。

集水井是在排水沟的一定位置上设置的汇水坑，为使沟槽底部土层免遭破坏，通常将集水井设在基础范围以外，距沟槽底一般为1～2 m的距离处，并应设在地下水来水方向的沟槽一侧。集水井的间距应根据土质、地下水量及井的尺寸和水泵的抽水能力等因素确定，一般每隔50～150 m设置一个集水井。

集水井的断面一般为圆形和方形两种，其直径或宽度一般为0.7～0.8 m，集水井底与排水沟底应有一定的高差。在开挖过程中，集水井底应始终低于排水沟底0.7～1.0 m，当沟槽挖至设计标高后，集水井底应低于排水沟底1～2 m。

集水井通常采用人工开挖，为防止开挖时或开挖后井壁塌方，需进行加固。在土质较好、地下水量不大的情况下，采用木框加固，井底需铺垫约0.3 m厚的卵石或碎石组成反滤层，以免从井底涌入大量泥沙造成集水井周围地面塌陷。在土质（如粉土、砂土、亚砂土）较差、地下水量较大的情况下，通常采用板桩加固，即先打入板桩加固，板桩绕井一圈，板桩深至井底以下约0.5 m。也可以采用混凝土管集水井，采用沉井法或水射振动法施工，井底标高在槽底以下1.5～2.0 m，为防止井底出现管涌，可用卵石或碎石封底。

为保证集水井附近的槽底稳定，集水井与槽底应有一定距离，沟槽与集水井间设进水口，进水口的宽度一般为1～1.2 m。为防止水流对集水井的冲刷，进水口的两侧应采用木板、竹板或板桩加固。排水沟、进水口需要经常疏通，集水井需要经常清除井底的积泥，保持必要的存水深度以保证水泵的正常工作。

二、人工降低地下水位

人工降低地下水位是在含水层中布设井点进行抽水，地下水位下降后形成降落漏斗。如果槽底标高位于降落漏斗以上，就基本消除了地下水对施工的影响。地下水位是在沟槽开挖前人为预先降落的，并维持到沟槽土方回填，因此这种方法称为人工降低地下水位。

根据《建筑与市政工程地下水控制技术规范》(JGJ 111—2016)，人工降低地下水位一般有真空井点、管井井点、喷射井点、电渗井点等方法，见表1-5。

表1-5　降水方法及适用条件

降水方法		适用条件		
		土质类别	渗透系数/(m/d)	降水深度/m
集水明排		填土、黏性土、粉土、砂土、碎石土	—	—
人工降低地下水位	真空井点	粉质黏土、粉土、砂土	0.01～20.0	单级≤6，多级≤12
	喷射井点	粉土、砂土	0.1～20.0	≤20
	管井井点	粉土、砂土、碎石土、岩石	＞1	不限
	电渗井点	黏性土、淤泥、淤泥质黏土	≤0.1	≤6

人工降低地下水位微课

1. 真空井点

（1）工作原理。

如图1-29所示，沿基坑四周每隔一定距离布设井点，井点管底部设置滤水管插入透水层，上部接软管与集水总管进行连接，然后通过真空吸水泵将集水管内水抽出，从而达到降低基坑四周地下水位的目的。

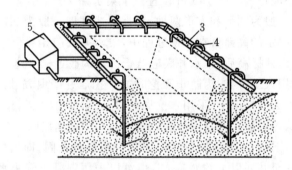

图1-29　真空井点降低地下水位示意图
1—井管；2—滤水管；3—总管；4—弯联管；5—抽水设备

（2）构造要求。

真空井点系统由井点管、弯联管、总管和抽水设备四部分组成，井点管包括滤水管和直管。

① 井点管宜采用金属管或 UPVC 管，直径应根据单井设计出水量确定，宜为38～110 mm；孔壁与井管之间的滤料宜采用中粗砂，滤料上方应用黏土封堵，封堵至地面的厚度应大于1.0 m，如图1-30所示。

② 过滤器管径应与井点管直径一致，滤水管长度应大于1.0 m；管壁上应布置渗水孔，直径宜为12～18 mm；渗水孔宜呈梅花形布置，孔隙率应大于15%；滤水管之下应设置沉淀管，沉淀管长度不宜小于0.5 m。管壁外应根据地层土粒径设置滤水网；滤水网宜设置两层，内层滤网宜采用60～80目尼龙网或金属网，外层滤网宜采用3～10目尼龙网或金属网，管壁与滤网间应采用金属丝绕成螺旋形隔开，滤网外应再绕一层粗金属丝（如图1-31）。

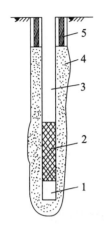

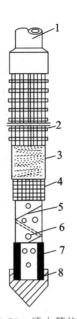

图 1-30　井点的过滤砂层

1—沉沙管；2—滤水网；3—井点管；
4—滤料；5—黏土

图 1-31　滤水管构造

1—钢管；2—孔眼；3—缠绕的塑料管；4—细滤网；5—粗滤网；
6—粗铁丝保护网；7—直管；8—铸铁堵头

③ 弯联管。为了安装方便，弯联管通常采用加固橡胶管，内有螺旋形钢丝以使井管与总管沉陷时有伸缩余地且起支撑管内壁作用，以防止软管在真空下被压扁，橡胶管套接长度应大于 10 cm，外用夹子箍紧不得漏气。有时也可用透明的聚乙烯塑料管，以便随时观察井管的上水是否正常。用金属管件作为弯联管时，其气密性好，但安装不方便。

④ 集水总管宜采用 $\phi 89 \sim \phi 127$ mm 的钢管，每节长度宜为 4 m，其上应安装与井点管相连接的接头。

⑤ 抽水设备。井点泵应用密封胶管或金属管连接各井，每个泵可带动 30～50 个真空井点。真空井点抽水设备有自引式、真空式和射流式三种。

自引式抽水设备是用离心泵直接连接总管抽水，其地下水位降深仅为 2～4 m，适宜于降水深度较小的情况。

真空式抽水设备的地下水位降落深度为 5.5～6.5 m。真空式抽水设备组成较复杂，占地面积大，现在一般不用。

射流式抽水设备如图 1-32 所示。该装置具有体积小、设备组成简单、使用方便、工作安全可靠、地下水位降落深度较大等特点，因此被广泛采用。

（3）井点布置。

① 井点系统的平面布置应根据降水区域平面形状、降水深度、地下水的流向以及土的性质确定，可布置成线形（单排、双排）、环形和 U 形，如图 1-33 所示。

② 当真空井点孔口至设计降水水位的深度不超过 6.0 m 时，宜采用单级真空井点；当深度大于 6.0 m 且场地条件允许时，可采用多级真空井点降水（如图 1-34），多级井点上下级高差宜取 4.0～5.0 m；

③ 井点间距宜为 0.8～2.0 m，距开挖上口线的距离不应小于 1.0 m；集水总管宜沿抽水水流方向布设，坡度宜为 0.25%～0.5%；

④ 降水区域四角位置井点宜加密。

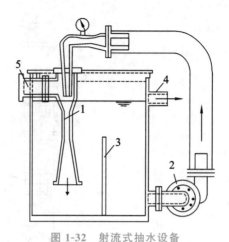

图 1-32　射流式抽水设备

1—射流器；2—加压泵；3—隔板；4—排水口；5—接口

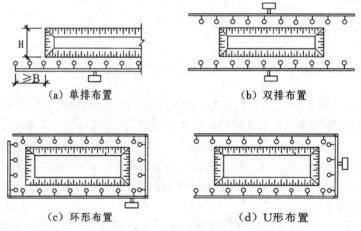

（a）单排布置　　　　　　（b）双排布置

（c）环形布置　　　　　　（d）U形布置

图 1-33　井点布置形式

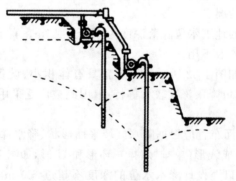

图 1-34　多级真空井点降水示意图

（4）真空井点的施工要点。

① 对易产生塌孔、缩孔的松软地层，成孔施工宜采用泥浆钻进、高压水套管冲击钻进；对于不易产生塌孔、缩孔的地层，可采用长螺旋钻进、清水或稀泥浆钻进。

② 成孔直径应满足填充滤料的要求,且不宜大于 300 mm。

③ 达到设计孔深后,应加大泵量,冲洗钻孔,稀释泥浆,返清水 3～5 min 后,方可向孔内安放井点管。

④ 井点管的埋设一般用水冲法进行,分为冲孔与埋管填料两个过程。冲孔时先用起重设备将 $\phi50～\phi70$ mm 的冲管吊起,并插在井点埋设位置上,然后开动高压水泵(一般压力为 0.6～1.2 MPa),将土冲松,如图 1-35 所示。冲孔时冲管应垂直插入土中,并作上下左右摆动,以加速土体松动,边冲边沉。冲孔直径一般为 250～300 mm,以保证井点管周围有一定厚度的砂滤层。冲孔深度宜比滤管底深 0.5～1.0 m,以防冲管拔出时,部分土颗粒沉淀于孔底而触及滤管底部。

井点管安装到位后,应向孔内投放滤料,滤料粒径宜为 0.4～0.6 mm。孔内投入的滤料数量宜大于计算值 5％～15％,滤料填至地面以下 1～2 m 后应用黏土填满压实。

⑤ 井点管、集水总管应与水泵连接安装,抽水系统不应漏水、漏气。

⑥ 形成完整的真空井点抽水系统后,应进行试运行。

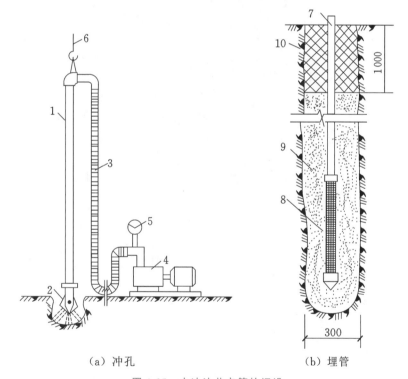

（a）冲孔　　　　　　　　（b）埋管

图 1-35　水冲法井点管的埋设

1—冲管;2—冲嘴;3—胶皮管;4—高压水泵;5—压力表;
6—起重吊钩;7—井点管;8—滤管;9—填砂;10—黏土封口

2.管井井点

（1）工作原理。

管井井点的工作原理就是沿基坑每隔一定距离设置一个管井,每个管井单独用一台水泵不断抽水来降低地下水位。

（2）井点布置。

① 管井位置应避开支护结构、工程桩、立柱、加固区及坑内布设的监测点；

② 临时设置的降水管井和观测孔孔口高度可随工程开挖情况进行调整；

③ 当管井间地下分水岭的水位未达到设计降水深度时，应根据抽水试验的浸润曲线反算管井间距和数量并进行调整。

（3）构造要求（如图1-36）。

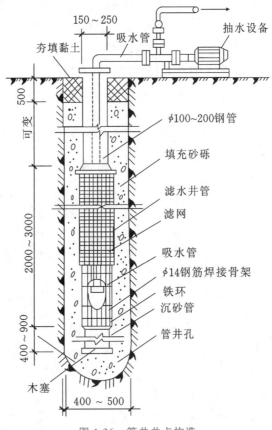

图 1-36　管井井点构造

① 管井井管直径应根据含水层的富水性及水泵性能选取，井管外径不宜小于200 mm，井管内径应大于水泵外径 50 mm。

② 管井成孔直径宜为 400～800 mm。

③ 沉砂管长度宜为 1.0～3.0 m。

④ 抽水设备出水量应大于单井设计出水量的 30%。

（4）管井施工要点。

① 管井施工可根据地层条件选用冲击钻、螺旋钻、回转钻或反循环等方法钻进成孔，施工过程中应做好成孔施工记录。

② 吊放井管时应平稳、垂直，并保持井管在井孔中心，井管宜高出地表 200 mm以上。

③ 单井完成后应及时洗井，洗井后应安装水泵进行单井试抽；抽水时应做好工作

压力、水位、抽水量的记录,当抽水量及水位降值与设计不符时,应及时调整降水方案。

④ 单井、排水管网安装完成后应及时联网试运行,试运行合格后方可投入正式降水运行。

3. 喷射井点

当槽开挖较深,降水深度大于 6.0 m 时,单层真空井点系统则不能满足要求,可采用多层真空井点系统,但多层真空井点系统存在设备多、施工复杂、工期长等缺点,此时宜采用喷射井点降水。

(1) 工作原理。

如图 1-37 所示,喷射井点主要由井管、高压水泵(或空气压缩机)和管路系统组成。喷射井点是以高压水泵或高压空气为动力能源,通过管路系统往井管内喷射高速水气流,高速水气流穿过喷射器时形成瞬时真空,将地下水吸出。

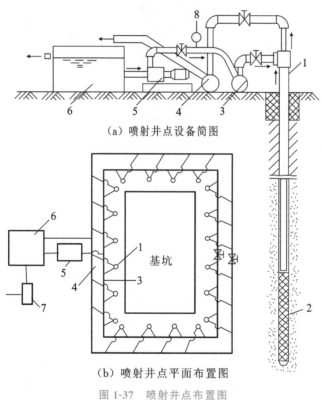

(a) 喷射井点设备简图

(b) 喷射井点平面布置图

图 1-37　喷射井点布置图

1—喷射井管;2—滤管;3—供水总管;4—排水总管;

5—高压离心水泵;6—水箱;7—排水泵;8—压力表

(2) 井点布置。

① 当降水区域宽度小于 10 m 时宜单排布置,当降水区域宽度大于 10 m 时宜双排布置,面状降水工程宜环形布置。

② 喷射井点间距宜为 1.5～3.0 m,井点深度应比设计开挖深度大 3.0～5.0 m。

③ 每组喷射井点系统的井点数不宜超过 30 个,总管直径不宜小于 150 mm,总长不宜超过 60 m,每组井点应自成系统。

（3）构造要求（如图 1-38）。

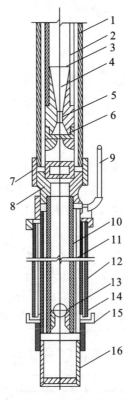

图 1-38 喷射井点管构造

1—外管；2—内管；3—喷射器；4—扩散管；5—混合管；6—喷嘴；7—缩节；8—连接座；
9—真空测定管；10—滤管芯管；11—滤管有孔套管；12—滤管外缠滤网及保护网；
13—逆止球阀；14—逆止阀座；15—护套；16—沉泥管

① 井点的外管直径宜为 73～108 mm，内管直径宜为 50～73 mm。

② 过滤器管径应与井点管径一致，滤水管长度应大于 1.0 m；管壁上应布置渗水孔，直径宜为 12～18 mm；渗水孔宜呈梅花形布置，孔隙率应大于 15%；滤水管之下应设置沉淀管，沉淀管长度不宜小于 0.5 m。

③ 管壁外应根据地层土粒径设置滤水网；滤水网宜设置两层，内层滤网宜采用 60～80 目尼龙网或金属网，外层滤网宜采用 3～10 目尼龙网或金属网，管壁与滤网间应采用金属丝绕成螺旋形隔开，滤网外应再绕一层粗金属丝。

④ 井孔成孔直径不宜大于 600 mm，成孔深度应比滤水管底深 1 m 以上。

⑤ 喷射井点的喷射器应由喷嘴、联管、混合室、负压室组成，喷射器应连接在井管的下端；喷射器混合室直径宜为 14 mm，喷嘴直径宜为 6.5 mm，工作水箱不应小于 10 m³。

⑥ 工作水泵可采用多级泵，水泵压力应大于 2 MPa。

（4）井点的施工要点。

① 喷射井点施工方法、滤料回填方法同真空井点。

② 井管沉设前应对喷射器进行检验，每个喷射井点施工完成后，应及时进行单井

试抽,排出的浑浊水不得回流至循环管路系统,试抽时间应持续到水清砂净为止。

③ 每组喷射井点系统安装完成后,应进行试运行,不应有漏气、翻砂、冒水现象。

④ 每根喷射井点沉设完毕后,应及时进行单井试抽,排出的浑浊水不得回入循环管路系统,试抽时间持续到水由浊变清为止。

⑤ 喷射井点系统安装完毕应进行试抽,不应有漏气、翻砂、冒水现象,工作水应保持洁净,在降水过程中应视水质浑浊程度及时更换。

4. 电渗井点

电渗井点适用于渗透系数很小的地质,如渗透系数小于 0.1 m/d 的黏土、亚黏土、淤泥和淤泥质黏土等。它需要与真空井点或喷射井点结合应用,在降水过程中,应对电压、电流密度和耗电量等进行测量和必要的调整,工作起来比较烦琐。

(1)工作原理。

电渗井点的工作原理缘于胶体化学的双电层理论。在含水的细土颗粒中,插入正负电极并通以直流电后,土颗粒即自负极向正极移动,水自正极向负极移动,这样把井点沿沟槽外围埋入含水层中,并作为负极,导致弱渗水层中的黏滞水移向井点中,然后用抽水设备将水排除,以使地下水位下降。

(2)井点布置(如图 1-39)。

① 井点管(阴极)应布设在基坑外侧,金属管/棒(阳极)应布设在基坑内侧,井点管与金属管/棒应并行交错排列,间距宜为 0.8～1.0 m;

② 井点管与金属管/棒数量应一致。

(3)构造要求。

① 电渗井的设备应包括水泵、发电机、井点管、金属管/棒、电线/缆等;

② 井点管的直径、深度应满足抽水能力和水泵的要求,金属管直径宜为 50～75 mm,金属棒直径宜为 10～20 mm,金属管/棒宜高出地面 200～400 mm,入土深度应比井点管深 0.5 m。

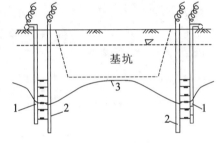

图 1-39 电渗井点布置图
1—井点管;2—金属棒;3—地下水降落曲线

(4)施工要点。

① 阴、阳极的数量宜相等,阳极数量也可多于阴极数量,阳极设置深度宜比阴极设置深度大 500 mm,阳极露出地面的长度宜为 200～400 mm,阴极利用真空井点管或喷射井点管设置。

② 电压梯度可采用 50 V/m,工作电压不宜大于 60 V,土中通电时的电流密度宜为 0.5～1.0 A/m²。

③ 采用真空井点时,阴、阳极的距离宜为 0.8～1.0 m,采用喷射井点时,阴、阳极的距离宜为1.2～1.5 m。阴极井点采用环圈布置时,阳极应布置在圈内侧,与阴极并列或交错。

④ 电渗降水时宜采取间歇通电,每通电 24 h 后宜停电 2～3 h。

⑤ 应采取连续抽水。

⑥ 雷雨时工作人员应远离两极地带,维修电极时应停电。

任务 5　球墨铸铁管施工

　　球墨铸铁管是指使用 18 号以上的铸造铁水经添加球化剂后，经过离心球墨铸铁机高速离心铸造成的管材。球墨铸铁管具有强度大、延伸率高、耐冲击、耐腐蚀、密封性好等优点，并且内壁采用水泥砂浆衬里，改善了管道输水环境，提高了供水能力，降低了能耗。

　　我国生产的球墨铸铁管有法兰式和承插式，如图 1-40 所示。

（a）承插式　　　　　　　　　　　　　（b）法兰式

图 1-40　球墨铸铁管

一、球墨铸铁管的运输与储存

　　（1）装卸、运输、堆放时，应轻拿轻放，不得摔跌或撞击。

　　（2）采用汽车或火车运输时，都应在平板上放置两块或更多木块，以避免管节承口直接与平板接触，承插口要相互交错放置。如采用平板车运输，管节置于平板后应用楔块固定，以防管节滚动。管节伸出车体部分不得超过管长的 1/4。所装的管节多于一层时，每层管节的承插口应交错排放，两层管节之间应加缓冲垫，最后用紧固带固定牢固，如图 1-41 所示。

　　（3）堆存管材的场地应坚实平坦，管材应平放并宜采用方木支撑（如图 1-42），管身底部距离地面不宜小于 100 mm；不应将管材放在尖锐的硬物上，管材堆放时宜加木楔防止滚动。

　　（4）管材堆放时，管径大于或等于 DN800 的管材宜在两端口设十字形支撑（如图 1-43）。

图 1-41 球墨铸铁管运输图

图 1-42 球墨铸铁管堆放采用方木支撑

图 1-43 球墨铸铁管十字形支撑

(5)管材堆放形式可采用金字塔式或四方式,如图 1-44 所示,管材堆放高度不宜高于 3 m。

(a)金字塔式　　　　　　　　(b)四方式

图 1-44 球墨铸铁管堆放形式

(6)管材堆放时,上下层垫木宜对齐,垫木不得接触承插口,垫木安放位置距管端距离宜为管长的 1/5。

(7)球墨铸铁管相互平行,承口不要和地面接触,承插口交错排放,每一层的承口应伸出下一层的插口,如图 1-45 所示。

(8)管道储存时,宜有承插口封堵的措施。存储的时间较长时,可以用帆布或编织布覆盖(如图 1-46),避免管内落入灰尘或脏物。

图 1-45　球墨铸铁管承插口交错排放

图 1-46　球墨铸铁管覆盖

（9）密封圈的储存。

① 密封圈宜储存于温度低于 25 ℃室内，宜避开直接热源；已安装密封圈的管或管件露天堆放时应采取防晒措施。

② 密封圈不得与溶剂、易挥发物、油脂或对密封圈产生不良影响的物品存放在一起。

③ 橡胶密封圈应避光贮存，尤其要避免强阳光和高紫外线含量的人造光的照射，最好是包装存储。

④ 橡胶密封圈宜以无拉伸、无压缩、无其他形变的松弛自然状态下整齐存放，重叠高度不宜超过 1.5 m，不宜将橡胶密封圈悬挂存放。

⑤ 由于橡胶密封圈对臭氧很敏感，因此在存放橡胶密封圈的房间内，不宜有可产生臭氧的设备，如：汞蒸气灯，可产生电火花或静电的高压电器。

二、球墨铸铁管的吊运

（1）装卸时吊索应采用柔韧的吊带（如图1-47），不得用钢丝绳或铁链直接接触吊装管材。

（2）管材的起吊应采用两个吊点起吊（如图1-48），不得采用钢丝绳从管内穿心吊装。

图1-47　柔韧吊带吊装

图1-48　两个吊点起吊

（3）也可在起吊时使用专用吊钩（如图1-49）。专用吊钩应外包橡胶皮或在接触管子的吊钩区缠绕尼龙绳及胶带，达到保护水泥内衬层和外防腐锌层及终饰漆层不受破坏的目的。

图1-49　专用吊钩

（4）吊装打包管材时，应用专用吊带将整包管进行兜底吊装（如图1-50），不能直接吊装打包带，也不能吊装整包管节中的某一根。

（5）吊运作业时要注意安全，操作人员或其他施工人员不要站在吊运的管节下面。

三、施工准备

（1）用户对管节产品应进行验收。

（2）检验产品质量检查合格证（或质检证明），确保供应的管节及管件的规格、尺寸公差、

图1-50　兜底吊装

性能符合国家有关标准的规定和设计要求。

（3）管节及管件的表面不得有裂纹，不得有妨碍使用的凹凸不平的缺陷。

（4）采用橡胶圈柔性接口的球墨铸铁管，承口的内工作面和插口的外工作面应光滑、轮廓清晰，不得有影响接口密封性的缺陷。

（5）对管节进行质量检查后，双方认可并签署验收文件。

四、施工过程

（一）排管

首先清除障碍，平整地面，然后根据设计要求摆放球墨铸铁管，并采取适当的安全防护措施防止管节滚落。排管方向遵循"承口流入，插口流出"，即从承口连接处流入，从插口连接处流出。管节及管件下沟槽前，应清除承口内部的油污、飞刺、铸砂及凹凸不平的铸瘤；柔性接口铸铁管及管件承口的内工作面、插口的外工作面应修整光滑，不得有沟槽、凸脊缺陷，有裂纹的管节及管件不得使用。

（二）下管

下管、安管和稳管微课

下管就是将管道从沟槽上运到沟槽内的过程。下管分集中下管和分散下管两种。集中下管是将管道相对集中地下到沟槽内某处，然后将管道运送到所需的位置。因此，集中下管需要槽内运管，一般用于管径大、沟槽两侧堆土、场地狭窄或沟槽内有支撑等情况。分散下管是将管道沿沟槽边顺序排列，依次下到沟槽内。这种下管形式避免了槽内运管，多用于较小管径、无支撑等有利于分散下管的环境条件。常用的下管方法有人工和机械两种。

1. 人工下管

人工下管法一般适用于管道管径小、重量轻，施工现场狭窄、不便于机械操作，工程量小，或机械供应有困难的条件下。其主要有压绳下管法、集中压绳下管法、塔架下管法等。

（1）压绳下管法。

压绳下管法有撬棍压绳下管法和立管压绳下管法两种，如图 1-51 所示。

（a）撬棍压绳下管法　　　　　（b）立管压绳下管法

图 1-51　压绳下管法

1—大绳；2—立管

（2）集中压绳下管法。

集中下管法，即从固定位置往沟槽内下管，然后在沟槽内将管子运至稳管位置。此种方法适用于较大管径。

（3）搭架下管法。

常用的有三角塔架法或四角塔架法。其操作过程如下：首先在沟槽上搭设三角架或四角架等塔架，在塔架上安设吊链，然后在沟槽上铺方木或细钢管，将管子运至方木或细钢管上。吊链将管子吊起，撤出原铺方木或细钢管，操作吊链使管子徐徐放入槽底，如图 1-52 所示。

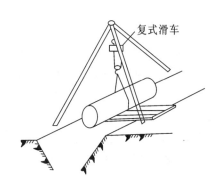
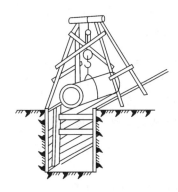

（a）三角塔架下管　　　　　　　　（b）四角塔架下管

图 1-52　塔架下管法

2. 机械下管

机械下管速度快，操作安全，并且可以减轻工人的劳动强度，劳动效率高，所以有条件尽可能采用机械下管法，如图 1-53 所示。

图 1-53　机械下管法

采用机械下管时视管子重量选择起重机械，常用汽车式或履带式起重机下管。下管时，起重机沿沟槽开行。起重机的行走道路应平坦、畅通。当沟槽两侧堆土时，其一侧堆土与槽边应有足够的距离，以便起重机开行。起重机距沟槽边至少 1 m，以免槽壁坍塌。起重机与架空输电线路的距离应符合电力管理部门的有关规定，并由专人看管。禁止起重机在斜坡地方吊着管子回转，轮胎式起重机作业前应将支腿撑好，轮胎不应承担起吊重量，支腿距沟槽边要有 2 m 以上距离，必要时应垫木板。在起吊作业区内，任何人不得在吊钩或被吊起的重物下面通过或站立。

（三）稳管

稳管是将管道按设计的高程和平面位置稳定在地基或基础上。压力流管道对高程和平面位置的要求精度可低些，一般由上游向下游进行稳管；重力流管道的高程和平面位置应严格符合设计要求，一般由下游向上游进行稳管。

稳管通常包括对中和对高程两个环节。

1. 对中

对中作业是使管道中心线与沟槽中心线在同一平面上重合。如果中心线偏离较大，则应调整管道位置，直至符合要求为止。通常可按中心线法（坡度板法）或边线法进行调整。

（1）中心线法（坡度板法）。

中心线法需设置坡度板（如图 1-54）。坡度板跨槽设置，间隔一般为 10～20 m，编以板号。根据中线控制桩，用经纬仪把管道中心线投测到坡度板上，用小钉作标记，称作中线钉，以控制管道中心的平面位置。

（2）边线法（如图 1-55）。

边线法是指在管子同一侧钉一排边桩，其高度接近管中心处，在边桩上钉小钉子，其位置距中心垂线保持同一常数值。稳管时，将边桩上的小钉挂上边线，即边线是与中心垂线相距同一距离的平行线。在稳管操作时，使管外皮与边线保持同一距离，即保持管道中心处于设计轴线位置。

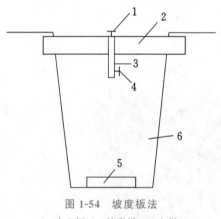

图 1-54　坡度板法

1—中心钉；2—坡度板；3—立板；
4—高程钉；5—管道基础；6—沟槽

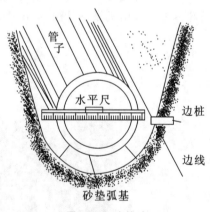

图 1-55　边线法

2. 对高程

为了控制沟槽的开挖深度和管道的设计高程，还需要在坡度板上测设设计坡度。为此，在坡度横板上设一坡度立板，一侧对齐中线，在竖面上测设一条高程线，其高程与管底设计高程相差一个整分米数，称为下反数。在该高程线上横向钉一小钉，称为坡度钉,以控制沟底挖土深度和管子的埋设深度。

如图 1-56 所示,用水准仪测得桩号为 0+100 处的坡度板中线处的板顶高程为 45.292 m,管底的设计高程为 42.800 m,从坡度板顶向下量 2.492 m,即为管底高程。为了使下反数为一整分米数,坡度立板上的坡度钉应高于坡度板顶 0.008 m,使其高程为 45.300 m。这样,由坡度钉向下量 2.50 m,即为设计的管底高程。

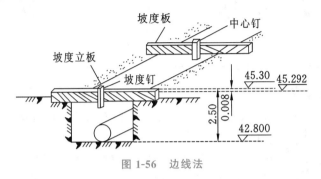

图 1-56　边线法

(四)管道垫层

为防止应力集中破坏管道,球墨铸铁管通常采用砂石基础。设计无要求时一般土质地段可铺设砂垫层,亦可铺设粒径在 25 mm 以下的碎石,表面再铺 20 mm 厚的砂垫层(中、粗砂),垫层总厚度应符合表 1-6 的规定。

表 1-6　柔性接口的刚性管道砂石垫层总厚度

管径 D_0	垫层总厚度/mm
300~800	150
900~1200	200
1350~1500	250

(五)承口下挖工作坑

当管基中铺设完砂垫层后,根据沿管沟已排放好的球墨铸铁管实际长度,开挖接口工作坑,保证管身整体稳定在砂垫层上。对于球墨铸铁管,由于管节较长(一般 5~6 m),接口间距相应较大。为了减少开挖土方量,不同地区的地方标准规定的开挖宽度较小,但在接口的局部必须满足接口施工工艺要求。应在插口一侧留出甩榔头的空间,在承口一侧应留出操作人员蹲下的空间,在接口底部也应留出打口的操作空间。总之,接口处应加宽和加深。施工中将沟槽在管口处的局部加深、加宽叫作接口工作坑(如图 1-57)。滑入式柔性接口球墨铸铁管接口工作坑的尺寸应满足表 1-7 的要求。球墨铸铁管机械式柔性接口及法兰接口,接口处开挖尺寸应满足操作人员和连接工具的安装作业空间要求,并便于检验人员的检查。

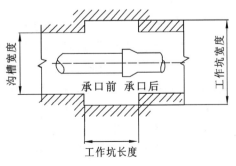

图 1-57　接口工作坑

表 1-7　接口工作坑开挖尺寸

管材种类	管外径 D_0/mm	宽度/mm	长度/mm		深度/mm
			承口前	承口后	
预应力、自应力混凝土管、滑入式柔性接口球墨铸铁管	≤500	承口外径加	200	承口长度加200	200
	600～1000				400
	1100～1500				450
	>1600				500

注：宽度列数值：800（≤500）、1000（600～1000）、1600（1100～1500）、1800（>1600）

（六）接口安装

球墨铸铁管的接口形式主要有滑入式接口、机械式接口、法兰接口和自锚接口，其中滑入式接口、机械式接口属于柔性接口。

在地质条件较好、地基变形量可控的条件下，应优先采用柔性接口。当管道接口处变形超出允许变形量时，接口止水性能将无法保障，因此柔性接口承受轴向荷载时需采取抗滑措施，或选用自锚接口形式。当管道敷设于江、河、湖、海等水体下方时，地基处理投资高，维修不便，渗漏风险高，应选用自锚接口。

球墨铸铁管道与阀门、伸缩节连接，或与其他材质管道连接时，应采用法兰接口。

1. 滑入式接口安装

如图 1-58 所示，在承口内装入密封圈，将插口通过密封圈插入承口即实现连接安装的柔性接口，称为滑入式接口。滑入式接口安装应遵循以下顺序。

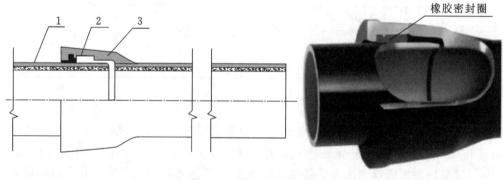

橡胶密封圈

图 1-58　滑入式柔性接口
1—插口；2—密封圈；3—承口

（1）检查和清洁。应对管节的内外壁、承插口和密封圈进行外观检查，有损伤或变形应进行处理或调换；应对连接部位进行清洁处理（如图 1-59）。

（2）胶圈安装。对较小规格的橡胶密封圈，将其弯成"心"形放入承口密封槽内；对较大规格的橡胶密封圈，将其弯成"梅花"形或其他形状，如图 1-60 所示。橡胶密封圈放入后，应施加径向力使其完全放入密封槽内，密封圈安装时应受力均匀，不得有扭曲、隆起，检查是否完全吻合，如图 1-61 所示。

（3）润滑胶圈和插口。用中性润滑剂均匀涂抹密封圈密封面、插口外壁（如图 1-62）。

（4）连接。将管道插口对正承口方向平稳推进安装。

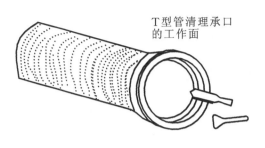

图 1-59 清洁承口

（a）心形

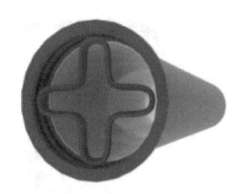

（b）梅花形

图 1-60 胶圈形状

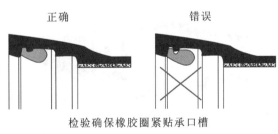

检验确保橡胶圈紧贴承口槽

图 1-61 检查密封圈

① $DN150$ 管道宜采用撬棍方式连接（如图 1-63），宜在撬棍与承口端面衬垫一层厚木板保护承口，然后撬动管节，直至插口到达安装标记线位置；

② 管径大于或等于 $DN200$ 的管道宜采用手动葫芦方式连接（如图 1-64），宜在已连接的管道承口颈部捆扎柔性绳索，利用工具钩钩住被连接的管道承口，采用手动葫芦缓慢拉动管节，直至插口到达安装标记线位置；

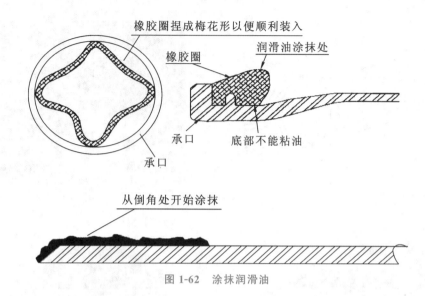

图 1-62　涂抹润滑油

③ 小心地将球墨铸铁管连续插入，插到两条白线中间即可。承口插入深度 P 值参考图 1-65 和表 1-8。

图 1-63　撬棍推进安装

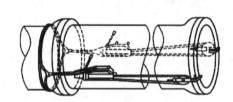

图 1-64　手动葫芦安装

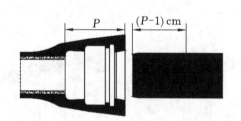

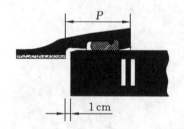

图 1-65　承口插入深度 P 值

表 1-8　球墨铸铁管滑入式接口的承口深度 P 值

规格 DN/mm	80	100	125	150	200	250	300	350	400	450
承口深度 P/mm	85	88	91	94	100	105	110	110	110	120
规格 DN/mm	500	600	700	800	900	1000	1100	1200	1400	
承口深度 P/mm	120	120	150	160	175	185	200	215	239	

（5）检查（如图1-66）。

① 将探尺插入承插口间隙检查密封圈的环向位置，插入深度应保持一致；

② 将金属直尺插入承口和管壁之间的环形空间直至碰到橡胶密封圈，沿管测量一周，检测深度是否均匀。检查相互连接的球墨铸铁管是否同轴心，否则应调整沟底可能出现的凹凸不平。

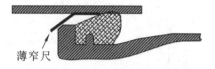

图1-66　检查承口插入深度

2. 机械式接口安装

如图1-67所示，机械式接口是靠螺母、螺栓紧固压兰使橡胶密封圈膨胀产生接触压力而形成密封的柔性接口。其安装过程如下。

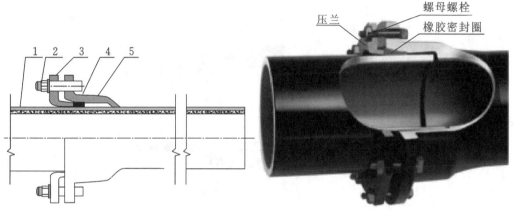

图1-67　机械式柔性接口

1—插口；2—螺栓螺母；3—压兰；4—密封圈；5—承口

（1）清洁（如图1-68）。仔细清扫压兰、承口内表密封面以及插口外表面的沙、土、水等杂物。

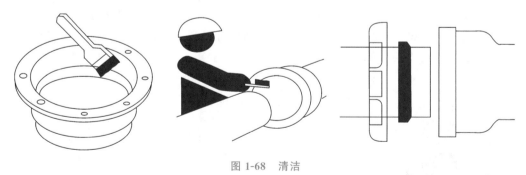

图1-68　清洁

（2）装入压兰和橡胶密封圈（如图1-69）。把压兰和涂有专用润滑剂的密封圈均匀嵌入承口内，不得有扭曲、隆起；注意橡胶密封圈的方向，橡胶密封圈截面积较小的一端朝向承口端，安装前应仔细检查连接用橡胶密封圈，不得粘有任何杂物。

（3）承、插口定位。将插口插入承口内，控制间隙≤1 cm。机械式接口的承口插入深度 P 值见图1-70和表1-9所示。

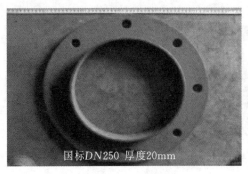

国标DN250 厚度20mm

（a）压兰　　　　　　　　　　　（b）橡胶圈

图 1-69　压兰和橡胶圈

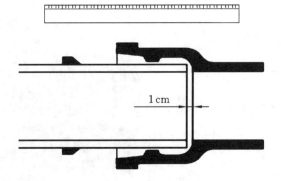

1 cm

图 1-70　承口插入深度 P 值

表 1-9　球墨铸铁管机械式接口的承口深度 P 值

规格 DN/mm	1000	1200	1400	1600	1800	2000	2200	2400	2600
承口深度 P/mm	130	130	130	160	170	180	190	250	260

　　（4）压兰及橡胶密封圈的安装。将承口螺栓孔与压兰的螺栓孔对齐,先穿入顶端与底端的螺栓,再穿入左右两端的螺栓,用扭矩扳手逐一适度拧紧螺栓螺母(如图 1-71);把剩余的螺栓穿入螺栓孔中,并按对称顺序逐一适度拧紧螺栓螺母(如图 1-72);用扭矩扳手再次拧紧所有螺栓及螺母,扭矩保持一致。

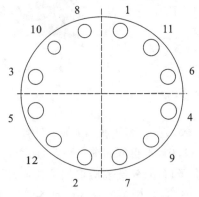

图 1-71　扭矩扳手拧紧螺栓螺母　　　　图 1-72　扭矩扳手施拧顺序

3. 法兰接口安装

铸铁管两侧的法兰片用螺母、螺栓连接起来,进而使得上下游管道形成一个整体,此接口形式称为法兰接口,如图 1-73 所示。法兰接口是刚性接口,不具有柔性,用于一些特殊的场合,如阀门附件的连接、不同管材的连接等。其安装过程如下。

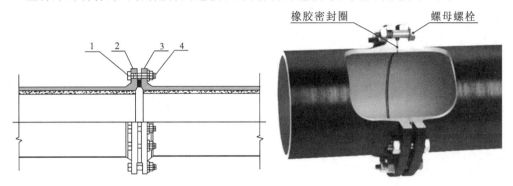

图 1-73　法兰接口

1—螺栓;2—密封圈;3—法兰;4—螺母

（1）密封圈紧密贴合于法兰密封面上;

（2）两侧法兰盘上螺孔应对中,法兰面相互平行,螺栓或螺母应在同一侧;

（3）先穿入顶端与底端的螺栓,再穿入左右两端的螺栓,用扭矩扳手逐一适度拧紧螺栓螺母;

（4）把剩余的螺栓放入螺栓孔中,并按对称顺序逐一适度拧紧螺栓螺母;

（5）用扭矩扳手再次拧紧所有螺栓及螺母,扭矩保持一致。

给水钢管
施工微课

4. 自锚接口安装

自锚接口主要是为了应对管道拐弯处水流推力过大,或沉降量过大导致接口脱落的问题而设计的。自锚接口有一定的轴向位移,当接口滑脱至最大位移处,自锚装置开始作用,防止接口滑脱;具有一定的偏转能力,用以适应地基沉降,特别是可以消除沉降时所产生的大部分弯曲应力;与普通滑入式接口一样,保持接口密封;具有巨大的抗滑脱力,可在无法设置支墩的情况下使用。

自锚接口一般分为两类:外自锚式和内自锚式。外自锚式接口与普通滑入式接口相同,外部设置自锚装置,如图 1-74 所示;内自锚式接口将承口内设计成双腔结构,一腔设置自锚装置,另一腔设置橡胶密封圈,如图 1-75 所示。

自锚接口应按照制造商的操作手册进行安装。

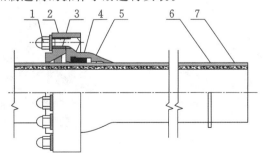

预应力钢筒
混凝土给水
管道施工微课

图 1-74　外自锚式接口示意图

1—钩头螺栓螺母;2—压兰;3—挡环;4—密封圈;5—承口;6—焊环;7—插口

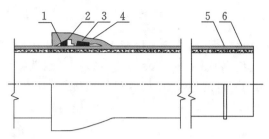

图 1-75　内自锚式接口示意图

1—挡环；2—支撑体；3—密封圈；4—承口；5—焊环；6—插口

五、管道附属构筑物施工

（一）井室施工

井室是连接上下游管道、接入支管或设置在阀门等管道附件处供养护人员在其中操作检修用的专用地下构筑物。井室一般用钢筋混凝土现浇、混凝土砌块砌筑或预制结构砌筑而成，此处只介绍钢筋混凝土现浇井室，混凝土砌块井室和预制结构井室将在工作手册 2 市政排水管道开槽施工中介绍。

1. 管道附件

（1）截断类阀门。

截断类阀门是调节管道内的流量和水压，事故时用以隔断事故管段的设备。常用的有闸阀、截止阀和蝶阀。

给水附件微课

① 闸阀（如图 1-76）靠阀门腔内闸板的升降来控制水流通断和调节流量大小，阀门内的闸板有楔式和平行式两种。

② 截止阀（如图 1-77）的启闭件是塞形的阀瓣，密封体上面呈平面或锥面，阀瓣沿阀座的中心线作直线运动。

③ 蝶阀（如图 1-78）是将闸板安装在中轴上，靠中轴的转动带动闸板转动来控制水流的。

图 1-76　闸阀

图 1-77 截止阀

图 1-78 蝶阀

（2）止回阀（如图 1-79）。

止回阀又称单向阀或逆止阀，主要用来控制水流只朝一个方向流动，限制水流向相反方向流动，防止突然停电或其他事故时水倒流。根据阀瓣运动方式，止回阀分为升降式和旋启式。升降式止回阀与截止阀结构类似，仅缺少带动阀瓣的阀杆。介质从进口端（下侧）流入，从出口端（上侧）流出，当进口压力大于阀瓣重量及其流动阻力之和时，阀门被开启；反之，介质倒流时阀门关闭。旋启式止回阀有一个斜置并能绕轴旋转的阀瓣，工作原理与升降式止回阀相似。止回阀常用作抽水装置的底阀，可以阻止水的回流。止回阀与截止阀组合使用，可起到安全隔离的作用。

（3）排气阀（如图 1-80）。

管道在长距离输水时经常会积存空气，这既减小了管道的过水截面积，又增大了水流阻力，同时还会产生气蚀作用，因此应及时地将管道中的气体排除掉。排气阀就是用来排除管道中气体的设备，一般安装在管线的隆起部位，平时用以排除管内积存的空气，而在管道检修、放空时进入空气，保持排水通畅；同时在产生水锤时可使空气自动进入，避免产生负压。

排气阀有单口和双口两种，常用单口排气阀。单口排气阀阀壳内设有铜网，铜网里装一空心玻璃球。当管内无气体时，浮球上浮封住排气口，随着管道内空气量的增加，空气升入排气阀上部聚积，使阀内水位下降，浮球由于自身重力而下降，离开排气口，空气即由排气口排出。单口排气阀一般用于直径小于 400 mm 的管道上，排气阀口径为 16～25 mm。

（a）升降式止回阀

（b）旋启式止回阀

图 1-79　止回阀

双口排气阀用于直径大于或等于 400 mm 的管道上，排气阀口径为 50～200 mm。排气阀口径与管道直径之比一般为 1:8～1:12。

法兰排气阀　　　　丝扣排气阀

（a）单口排气阀　　　　　　（b）双口排气阀

图 1-80　排气阀

（4）泄水阀（如图 1-81）。

泄水阀是在管道检修时用来排空管道的设备。一般在管线下凹部位安装排水管，在排水管靠近给水管的部位安装泄水阀。泄水阀平时关闭，需排水放空时才开启，用以排除给水管中的沉淀物及放空给水管中的存水。泄水阀的口径应与排水管的管径一致，而排水管的管径需根据放空时间经计算确定。泄水阀通常置于泄水阀井中，泄水阀一般采用闸阀，也可采用快速排污阀。

图 1-81　泄水阀

（5）消火栓（如图 1-82）。

消火栓是消防车取水的设备，一般有地上式和地下式两种。经公安部审定的消火栓有 SS100 型地上式消火栓和 SX100 型地下式消火栓两种规格，如采用其他规格时，应取得当地消防部门的同意。

地上式消火栓适用于冬季气温较高的地区，设置在城市道路附近消防车便于靠近处，并涂以红色标志。SS100 型地上式消火栓设有一个 100 mm 的栓口和两个 65 mm 的栓口。地上式消火栓目标明显，使用方便，但易损坏，有时妨碍交通。

地下式消火栓适用于冬季气温较低的地区，一般安装在阀门井内。SX100 型地下式消火栓设有 100 mm 和 65 mm 的栓口各一个。地下式消火栓不影响交通，不易损坏，但使用时不如地上式消火栓方便易找。

（a）地上式消火栓　　　（b）地下式消火栓

图 1-82　消火栓

2. 钢筋混凝土井室施工

（1）工艺流程。

测量放样→基坑开挖→地基处理→绑扎底板钢筋及墙身立筋→立底板模板→浇筑底板混凝土→绑扎墙体钢筋、脚手架同步搭设→立井墙模板→浇筑墙体混凝土→绑扎检查井盖板钢筋→立盖板模板→浇筑盖板混凝土→拆模→回填压实。

（2）施工要点。

① 地基处理。无地下水时，C10 混凝土垫层下用素土夯实，压实系数为 0.95；有地下水时，C10 混凝土垫层下铺碎石和卵石层，厚度≥100 mm。

② 钢筋绑扎。绑扎钢筋前，应严格按照施工图先做钢筋排列间距的各种样尺，作为钢筋排列的依据。各个井的底板均为双层钢筋，要求施工时在上下层钢筋之间加马凳，用 ϕ10 钢筋，间距 600 mm，梅花形布置。井壁双层钢筋间需加拉结筋，用 ϕ6 钢筋，间距 600 mm。

③ 模板工程。模板安装做到位置正确、支撑稳定，有足够的支柱、撑杆和拉条，并能承受混凝土浇筑及振捣时产生的侧向压力，并不受气候的影响。立模时，模板要均

匀、平直地布置,使接缝处的混凝土表面平整均匀。模板的接缝设计要与结构物的外观相协调,使竖向和平面的缝隙保持平直。模板不得与结构钢筋直接连接,亦不得与施工脚手架连接,以免引起模板的变形、错位。模板内表面涂刷隔离剂,以防止模板与混凝土的黏结。

④ 浇筑混凝土。混凝土井壁、底板采用 C25 等级。浇筑前,钢筋、模板工程应经检验合格,混凝土配合比满足设计要求;混凝土应振捣密实,无漏振、走模、漏浆等现象。浇筑后,及时对混凝土进行养护,强度等级未达到设计要求不得受力。浇筑前应同时安装踏步,踏步安装后在混凝土未达到规定抗压强度前不得踩踏。混凝土达到一定强度后,要及时洒水养护,养护时间不得少于 7 d,天气干燥时还应覆盖养护。

⑤ 回填压实。现浇混凝土的强度达到设计规定的强度后方允许回填。严禁与浇筑井体同步回填。

（二）支墩施工

承插式接口的给水管道,在转弯处、三通管端处,会产生向外的推力,当推力较大时,易引起承插口接头松动、脱节,甚至造成破坏。因此,在承插式管道的垂直或水平方向转弯等处应设置管道支墩。当管径小于 350 mm 时或转角小于 5°～10°,且压力不大于1.0 MPa时,因其接头足以承受推力则可不设管道支墩。

国家标准
图集 10S505

1. 支墩类型

管道支墩应根据管径、转弯角度、试压标准、接口摩擦力等因素通过计算确定。市政给水管道常用钢筋混凝土支墩,支墩类型分为水平支墩[如图 1-83(a)]、垂直向上弯管支墩[如图 1-83(b)]和垂直向下弯管支墩[如图 1-83(c)]三种。给水管道支墩设置可以参见国家建筑标准设计图集《柔性接口给水管道支墩》(10S505)。

2. 钢筋混凝土支墩施工

(1) 工艺流程。

垫层施工→钢筋绑扎→模板安装→混凝土浇筑→混凝土养护→模板拆除

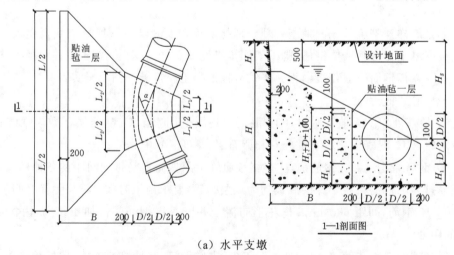

（a）水平支墩

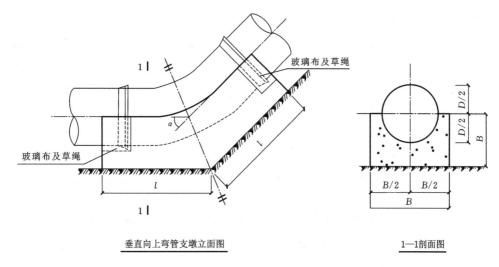

垂直向上弯管支墩立面图　　　　1—1剖面图

（b）垂直向上弯管支墩

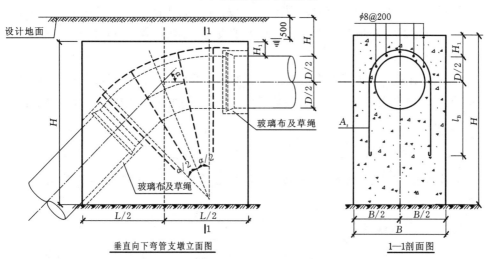

垂直向下弯管支墩立面图　　　　1—1剖面图

（c）垂直向下弯管支墩

图 1-83　支墩

（2）施工要点。

① 垫层施工。验槽完成后,清除表层浮土及扰动土,不留积水,立即进行垫层混凝土施工,垫层混凝土必须振捣密实,表面平整,严禁晾晒基土。

② 钢筋绑扎。垫层浇筑完成后,混凝土强度达到 1.2 MPa 后,进行钢筋绑扎,钢筋绑扎不允许漏扣,柱插筋弯钩部分必须与底板筋成 45°绑扎,连接点处必须全部绑扎。钢筋绑扎好后底面及侧面搁置保护层垫块,厚度为设计保护层厚度,垫块间距不得大于 100 cm。注意对钢筋的成品进行保护,不得碰撞钢筋,以免造成钢筋移位。

③ 模板安装。模板采用小钢模或木模,利用钢管或木方加固。锥形基础坡度＞30°时,采用斜模板支护,利用螺栓与底板钢筋拉紧,防止上浮。模板上部设透气孔及振捣孔,坡度≤30°时,利用钢丝网防止混凝土下坠,上口设井字木控制钢筋位置。不得用重物冲击模板,保证模板牢固。混凝土浇筑前,清除模板内的木屑、泥土等杂

物，木模板应浇水湿润，堵严板缝。

④ 混凝土浇筑。混凝土应分层连续浇筑，间歇时间不超过混凝土初凝时间，一般不超过 2 h。分层下料，每层厚度为振动棒的有效作用长度。防止由于下料过厚、振捣不实或漏振等原因造成蜂窝、麻面或孔洞。浇筑混凝土时，经常观察模板、支架、钢筋、螺栓、预留孔洞和支管有无走动情况，一经发现有变形、走动或位移时，立即停止浇筑，并及时修整和加固模板，再继续浇筑。

⑤ 混凝土振捣。采用插入式振捣器，插入的间距不大于振捣器作用部分长度的 1.25 倍。上层振捣棒插入下层 3～5 cm。尽量避免碰撞预埋件、预埋螺栓，防止预埋件移位。

⑥ 混凝土找平。混凝土浇筑后，表面比较大的混凝土应使用平板振捣器振一遍，然后用刮杠刮平，再用抹子收面。收面前需校核混凝土表面标高，不符合要求处应及时整改。

⑦ 混凝土养护。已浇筑完的混凝土，应及时覆盖和浇水。一般常温养护不得少于 7 d，特种混凝土养护不得少于 14 d。养护设专人检查落实，防止由于养护不及时，造成混凝土表面裂缝。

⑧ 模板拆除。侧面模板在混凝土强度能保证其棱角不因拆模板而受损坏时方可拆模，拆模前设专人检查混凝土强度，拆除时不得采用大锤砸或撬棍乱撬，以免造成混凝土棱角破坏。

（三）管道穿越障碍物

市政给水管道在通过铁路、公路、河谷时，必须采取一定的措施保证管道能安全、可靠地通过。

1. 管道穿越铁路或公路

管道穿越铁路或公路时，其穿越地点、穿越方式和施工方法，要符合相应的技术规范的要求，并经过铁路或交通部门同意后才可实施。按照穿越的铁路或公路的重要性，通常可采取如下措施。

（1）管道穿越临时铁路、一般公路或非主要路线且管道埋设较深时，可不设套管，但应优先选用球墨铸铁管，并将球墨铸铁管接头放在障碍物以外；也可选用钢管，但应采取防腐措施。

（2）管道穿越较重要的铁路或交通繁忙的公路时，管道应放在钢管或钢筋混凝土套管内，套管直径根据施工方法而定。大开挖施工时，套管应比给水管道直径大 300 mm；顶管施工时，套管应比给水管道直径大 600 mm。套管应有一定的坡度以便排水，路的两侧应设阀门井，内设阀门和支墩，并根据具体情况在低的一侧设泄水阀。给水管道的管顶或套管顶在铁路轨底或公路路面以下的深度不应小于 1.2 m，以减轻路面荷载对管道的冲击。

2. 管道穿越河谷

管道穿越河谷时，其穿越地点、穿越方式和施工方法，应符合相应的技术规范的要求,并经过河道管理部门的同意后才可实施。根据穿越河谷的具体情况,一般可采取如下措施。

(1) 当河谷较深、冲刷较严重、河道变迁较快时,一般可将管道架设在现有桥梁的人行道下面进行穿越,此种方法施工、维护、检修方便,也最为经济。如管道不能架设在现有桥梁下穿越,则应以桥管的形式通过。

桥管一般采用钢管焊接连接,两端设置阀门井和伸缩接头,最高点设置排气阀,如图 1-84 所示。桥管的高度和跨度以不影响航运为宜,一般矢高和跨度

图 1-84 桥管

比为 1:6~1:8,常用 1:8。桥管维护管理方便,防腐性好,但易遭破坏,防冻性差,在寒冷地区必须采取有效的防冻措施。

(2) 当河谷较浅,冲刷较轻,河道航运繁忙,不适宜设置桥管或穿越铁路和重要公路时,须采用倒虹管,如图 1-85 所示。

(a)

(b)

图 1-85 倒虹管

倒虹管的穿越地点、穿越方式和施工方法,应符合相应的技术规范的要求,并经相关管理部门的同意后才可实施。倒虹管管顶距河床的高度一般不小于 0.5 m,但在航道线范围内不应小于 1.0 m;在铁路路轨底或公路路面下,管顶距路面的高度一般不小于 1.2 m。倒虹管在敷设时一般同时敷设两条管线[图 1-85(b)],一条工作另一条备用,两端设置阀门井,最低处设置泄水阀以备检修用。倒虹管一般采用钢管焊接连接,并加强防腐措施,管径一般比其两端连接的管道的管径小一级,以增大水流速度,防止在低凹处淤积泥沙。

在穿越重要的河道、铁路和交通繁忙的公路时,可将倒虹管置于套管内,套管的管材和管径应根据施工方法确定。

倒虹管具有适应性强、不影响航运、保温性好、隐蔽安全等优点,但施工复杂、检修麻烦,须加强防腐措施。

任务6　给水管道功能性试验

一、水压试验

部分回填（除接口外，管道两侧及管顶以上回填高度不应小于 0.5 m）→水压试验（准备工作→注水浸泡→预试验→主试验）→其余部分回填→给水管道冲洗与消毒→并网运行。

（一）水压试验前准备工作

（1）压力管道实施水压试验（图 1-86）前，除接口外，管道两侧及管顶以上回填高度不应小于 0.5 m，留出接口位置以便检查渗漏处；

（2）试验管段所有敞口应封闭，不得有渗漏水现象；

（3）试验管段不得用闸阀做堵板，不得含有消火栓、水锤消除器、安全阀等附件；

（4）水压试验前应清除管道内的杂物。

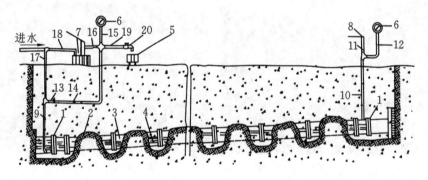

图 1-86　水压试验示意图

1—封闭端；2—回填土；3—试验管段；4—工作坑；5—水筒；6—压力表；7—手摇泵；8—放气口；
9—水管；10、13—压力表连接管；11、12、14、15、16、17、18、19—闸门；20—龙头

（二）试验步骤

1. 划分试验段

给水管线敷设较长时，应分段试压，这样有利于充水和排气，减少对地面交通的影响，便于流水作业施工及加压设备的周转利用等。试压分段的长度不宜大于 1.0 km，对湿陷性黄土地区，分段长度不宜超过 200 m，穿越河流、铁路等处应单独试压。

2. 管道注水浸泡与排气

为使管道内壁与接口填料充分吸水，管道灌满水后，应在不大于工作压力下充水浸泡一定的时间。浸泡时间应符合表 1-10 的规定。

表 1-10 压力管道水压试验前浸泡时间

管材种类	管道内径 D_i/mm	浸泡时间/h
球墨铸铁管(有水泥砂浆衬里)	D_i	≥24
钢管(有水泥砂浆衬里)	D_i	≥24
化学建材管	D_i	≥24
现浇钢筋混凝土管渠	$D_i \leqslant 1000$	≥48
	$D_i > 1000$	≥72
预(自)应力混凝土管、预应力钢筒混凝土管	$D_i \leqslant 1000$	≥48
	$D_i > 1000$	≥72

管道经浸泡后,在试压之前需进行多次初步升压试验方可将管道内气体排净。检查排气的方法:在充满水的管道内进行加压,如果管内升压很慢、表针摆动幅度较大且读数不稳定、放水时有"突突"的声响并喷出许多气泡,都说明管内尚有气体未被排除,应继续排气,直至上述现象消失。

3. 试压后背设置

管道试压时,管道堵板及转弯处会产生较大的压力,试压前必须设置后背。通常可用天然土壁作试压后背,因此在土方开挖时,需保留 7～10 m 沟槽原状土不挖,作试压后背。当土质松软时,应采取加固措施。管道压力试验后背装置如图 1-87 所示。

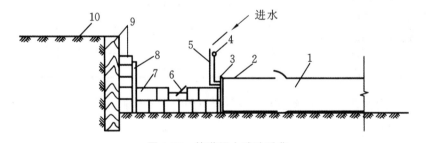

图 1-87 管道压力试验后背

1—试验管段;2—短管;3—法兰盖堵;4—压力表;5—进水管;

6—千斤顶;7—顶铁;8—钢板;9—方木;10—后背墙

4. 水压试验的规定

水压试验应符合下列规定:

(1)试验压力应按表 1-11 确定。

表 1-11 管道水压试验的试验压力　　　　　　　　　单位:MPa

管材种类	工作压力 P	试验压力
钢管	P	$P+0.5$ 且不应小于 0.9
球墨铸铁管	≤0.5	$2P$
	>0.5	$P+0.5$

续表

管材种类	工作压力 P	试验压力
预应力、自应力混凝土管	≤0.6	1.5P
	>0.6	$P+0.3$
现浇钢筋混凝土管渠	≥0.1	1.5P

（2）预试验阶段：将管道内水压缓缓地升至试验压力并稳压 30 min，期间如有压力下降可注水补压，但不得高于试验压力；检查管道接口、配件等处有无漏水、损坏现象；有漏水、损坏现象时应及时停止试压，查明原因并采取相应措施后重新试压。

（3）主试验阶段：停止注水补压，稳定 15 min；15 min 后若压力降不超过表 1-12 中所列允许压力降数值，则将试验压力降至工作压力并保持恒压 30 min，进行外观检查，若无漏水现象，则水压试验合格。

表 1-12　压力管道水压试验的允许压力降　　　　　单位：MPa

管材种类	试验压力	允许压力降
钢管	$P+0.5$,且不小于 0.9	0
球墨铸铁管	2P	0.03
	$P+0.5$	
预（自）应力钢筋混凝土管、预应力钢筒混凝土管	1.5P	
	$P+0.2$	
现浇钢筋混凝土管渠	1.5P	
化学建材管	1.5P,且不小于 0.8	0.02

（4）压力管道采用允许渗水量作为最终合格判定依据时，实测渗水量应小于或等于表 1-13 的规定。

表 1-13　压力管道水压试验的允许渗水量

管道内径 D_i /mm	允许渗水量/[L/(min·km)]		
	焊接接口钢管	球墨铸铁管、玻璃钢管	预（自）应力钢筋混凝土管、预应力钢筒混凝土管
100	0.28	0.70	1.40
150	0.42	1.05	1.72
200	0.56	1.40	1.98
300	0.85	1.70	2.42
400	1.00	1.95	2.80
600	1.20	2.40	3.14
800	1.35	2.70	3.96

续表

管道内径 D_i /mm	允许渗水量/[L/(min·km)]		
	焊接接口钢管	球墨铸铁管、玻璃钢管	预(自)应力钢筋混凝土管、预应力钢筒混凝土管
900	1.45	2.90	4.20
1000	1.50	3.00	4.42
1200	1.65	3.30	4.70
1400	1.75	—	5.00

5. 特殊管道的水压试验规定

大口径球墨铸铁管、玻璃钢管及预应力钢筒混凝土管道的接口单口水压试验应符合下列规定：

(1) 安装时应注意将单口水压试验用的进水口(管材出厂时已加工)置于管道顶部；

(2) 管道接口连接完毕后进行单口水压试验，试验压力为管道设计压力的2倍，且不得小于0.2 MPa；

(3) 试压采用手提打压泵，管道连接后将试压嘴固定在管道承口的试压孔上，连接试压泵，将压力升至试验压力，恒压2 min内无压力降为合格；

(4) 试压合格后，取下试压嘴，在试压孔上拧上M10×20mm不锈钢螺栓并拧紧；

(5) 水压试验时应先排净水压腔内的空气；

(6) 单口试压不合格且确认是接口漏水时，应马上拔出管节，找出原因，重新安装，直至符合要求为止。

二、管道的冲洗与消毒

给水管道试压合格后，应分段连通，进行冲洗、消毒，使管道出水符合《生活饮用水卫生标准》(GB 5749—2022)。经验收合格后，方可交付使用。

(一) 管道冲洗

管道冲洗一般以上游管道的自来水为冲洗水源，冲洗后的水可通过临时放水口排至附近河道或排水管道。安装放水口时，其冲洗管接口应严密，并设有闸阀、排气管和水龙头等，弯头处应进行临时加固。

国标 GB 5749—2022

冲洗水管管径可比被冲洗的水管小，但断面不宜小于被冲洗管直径的1/2，冲洗水的流速不小于1.0 m/s。冲洗时尽量避开用水高峰，不能影响周围的正常用水。冲洗应连续进行，直至检验合格后停止冲洗。

管道冲洗的步骤及注意事项如下。

1. 准备工作

会同自来水管理部门商定冲洗方案，如冲洗水量、冲洗时间、排水路线和安全措施等。

2. 开闸冲洗

放水时，先开出水闸阀，再开来水闸阀，注意排气，并派专人监护放水路线，若发现问题应及时处理。

3. 检查水质

检查沿线有无异常声响、冒水和设备故障等现象，并观察放水口的水质，至水质外观澄清后化验，待水质合格时为止。

4. 关闭闸阀

冲洗后，尽量使来水闸阀、出水闸阀同时关闭，如做不到，可先关出水闸阀，但暂不关死，等来水闸阀关闭后，再将出水闸阀关闭。

5. 化验

冲洗完毕后，管内应存水 24 h 以上，再取水化验，色度、浊度合格后进行管道消毒。

（二）管道消毒

管道消毒的目的是消杀新安装管道内的细菌，使水质不致污染。

消毒液通常采用漂白粉溶液，其氯离子浓度不低于 20 mg/L，消毒液由试验管段进口注入。灌注时可稍稍开启来水闸阀和出水闸阀，使清水带着消毒液流经全部管段，当从放水口检验出规定浓度的氯离子时，关闭进、出水闸阀，用消毒液浸泡 24 h 后再次用清水冲洗，直到水质管理部门取样化验合格为止。

任务7　沟槽回填

市政管道施工完毕并经检验合格后，应及时进行土方回填，以保证管道的位置正确，避免沟槽坍塌和管道生锈，尽早恢复地面交通。

沟槽回填微课

一、施工程序

土方回填的施工包括还土、摊平、夯实、检查等工序。

1. 还土

沟槽回填的土料大多是开挖出的素土，但当有特殊要求时，可按设计要求回填砂、石灰土、砂砾等材料。回填土的含水量应按土类和采用的压实工具控制在最佳含水率附近。最佳含水量应通过轻型击实试验确定。

2. 摊平

每还一层土，都要采用人工将土摊平，使每层土都接近水平。每次还土厚度应尽量均匀。

3. 夯实

沟槽回填土夯实通常采用人工夯实和机械夯实两种方法。人工夯实分木夯和铁夯。常用的夯实机械有蛙式夯机、内燃打夯机、压路机和振动压路机等。人工夯实每次虚铺土厚度不宜超过 20 cm。人工夯实劳动强度高,效率低。

沟槽开挖
机械微课

4. 检查

每层土夯实后,应测定其压实度,测定方法有环刀法和灌砂法两种。

二、施工要点

(一)沟槽回填前准备

回填前沟槽应符合以下规定:

(1)压力管道水压试验前,除接口外,管道两侧及管顶以上回填高度不应小于 0.5 m;水压试验合格后,应及时回填沟槽的其余部分。

(2)无压管道在闭水或闭气试验合格后应及时回填。

(3)沟槽内砖、石、木块等杂物要清除干净,不得有积水。

(4)除设计有要求外,回填材料应符合下列规定:

① 槽底至管顶以上 500 mm 范围内,土中不得含有机物、冻土以及大于 50 mm 的砖、石等硬块;

② 冬期土方回填时管顶以上 500 mm 范围以外可均匀掺入冻土,其数量不得超过填土总体积的 15%,且冻块尺寸不得超过 100 mm;

③ 回填土的含水量,宜按土类和采用的压实工具控制在最佳含水率±2%范围内;

④ 填土中不得含有树根、木块、杂草或有机垃圾等杂物。

(5)管道两侧和管顶以上 500 mm 范围内的回填材料,应由沟槽两侧对称运入槽内,不得直接回填在管道上;回填其他部位时,回填材料应均匀运入槽内,不得集中推入。

(6)每层土的虚铺厚度应根据压实机具和要求的密实度确定,一般可参照表 1-14 确定。

表 1-14　每层回填土的虚铺厚度

压实机具	虚铺厚度/mm
木夯、铁夯	≤200
轻型压实设备	200~250
压路机	200~300
振动压路机	≤400

(7)回填作业每层土的压实遍数,按压实度要求、压实工具、虚铺厚度和含水量,应经现场试验确定。

(8)保持降排水系统正常运行,不得带水回填。带水的土层其含水量是处于饱和状态的,不可能夯实。当地下水位下降,饱和水下渗后,将造成填土下陷,危及路基的安全。

（二）刚性管道沟槽回填（球墨铸铁管、预应力钢筒混凝土管、钢筋混凝土管）

（1）回填压实应逐层进行，且不得损伤管道。

（2）管道两侧和管顶以上 500 mm 范围内胸腔夯实，应采用轻型压实机具（如图 1-88），管道两侧压实面的高差不应超过 300 mm。

图 1-88　轻型压实机具

（3）管道基础为土弧基础时，应填实管道支撑角范围内腋角部位；压实时，管道两侧应对称进行，且不得使管道位移或损伤。

（4）同一沟槽中有双排或多排管道的基础底面位于同一高程时，管道之间的回填压实应与管道和槽壁之间的回填压实对称进行。

（5）同一沟槽中有双排或多排管道但基础底面高程不同时，应先回填基础较低的沟槽；回填至较高基础底面高程后，再按上一款规定回填。

（6）分段回填压实时，相邻段的接茬应呈台阶形，且不得漏夯（如图 1-89）。

图 1-89　分段回填压实时，相邻段的接茬应呈台阶形

（7）采用轻型压实设备时，应夯夯相连；采用压路机时，碾压的重叠宽度不得小于 200 mm。

（8）采用压路机、振动压路机等压实机械时，其行驶速度不得超过 2 km/h。

（9）接口工作坑回填时底部凹坑应先回填压实至管底，然后与沟槽同步回填。

（10）刚性管道回填土压实度应符合设计要求，设计无要求时，应符合表 1-15 的要求。

表 1-15　刚性管道回填土压实度要求

序号	项目			最低压实度/（%）		检查数量		检查方法
				重型击实标准	轻型击实标准	范围	点数	
1	石灰土类垫层			93	95	100 m		用环刀法检查或采用现行国家标准 GB/T 50123 中的其他方法
2	沟槽在路基范围外	胸腔部分	管侧	87	90		每层每侧一组，每组 3 个点	
			管顶以上 500 mm	87±2（轻型）				
		其余部分		≥90（轻型）或按设计要求				
		农田或绿地范围表层 500 mm 范围内		不宜压实，预留沉降量，表面平整				
3	沟槽在路基范围内	胸腔部分	管侧	87	90	两井之间或 1000 m²		
			管顶以上 250 mm	87±2（轻型）				
		由路槽底算起的深度范围/mm	≤800 快速路及主干路	95	98			
			次干路	93	95			
			支路	90	92			
			800~1500 快速路及主干路	93	95			
			次干路	90	92			
			支路	87	90			
			>1500 快速路及主干路	87	90			
			次干路	87	90			
			支路	87	90			

注：表中重型击实标准的压实度和轻型击实标准的压实度，分别以现场实际测得的干密度除以相应的标准击实试验法求得的最大干密度再乘以 100% 得出。

（三）柔性管道沟槽回填（钢管、塑料管）

（1）回填前，检查管道有无损伤或变形，有损伤的管道应修复或更换。

（2）管内径大于 800 mm 的柔性管道，回填施工时应在管内设有竖向支撑。

（3）管道半径以下部位回填时应采取防止管道上浮、位移的措施。

（4）管道回填时间宜选在一昼夜中气温最低时段，从管道两侧同时回填，同时夯实。

（5）沟槽回填从管底基础部位开始到管顶以上 500 mm 范围内，必须采用人工回填；管顶 500 mm 以上部位，可用机械从管道轴线两侧同时夯实，每层回填高度应不大于 200 mm。在实际工程中，采用振动压路机容易使得管道变形，所以不能采用振动压路机夯实。

（6）管道位于车行道下，铺设后即修筑路面或管道位于软土地层以及低洼、沼泽、地下水位高地段时，沟槽回填宜先用中、粗砂将管底腋角部位填充密实后，再用中、粗砂分层回填到管顶以上 500 mm。

（7）管道沟槽回填土压实系数与回填材料等应符合设计要求，设计无要求时，应符合图 1-90 的规定。

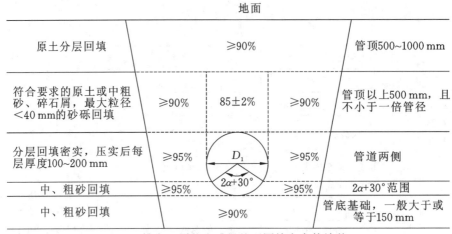

图 1-90　柔性管道沟槽回填部位与压实度示意图

（四）附属构筑物周围回填

（1）井室周围的回填，应与管道沟槽回填同时进行，不便同时进行时，应留台阶形接茬（如图 1-91）；

（2）井室周围回填压实时应沿井室中心对称进行（如图 1-92），且不得漏夯；

（3）回填材料压实后应与井壁紧贴；

图 1-91　台阶型接茬

图 1-92　井室周围对称压实

GB 50268—2008

（4）路面范围内的井室周围，应采用石灰土、砂、砂砾等材料回填，其回填宽度不宜小于 400 mm；

（5）回填压实度应满足设计与《给水排水管道工程施工及验收规范》（GB 50268—2008）的要求。

工作手册 2

市政排水管道开槽施工

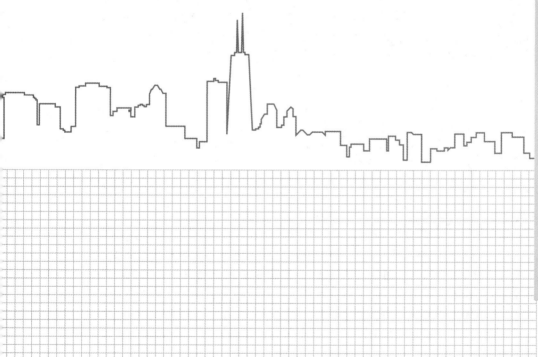

工程案例

　　安徽省黄山市富丰路（歙州大道路—新安路）区域位于歙县城区，整体地势中间高、南北低，道路整体坡度较大，现状富丰路（歙州大道路—新安路）区域内排水体制为雨污合流制。富丰路（紫云路—新安路）段现状车行道下有一道 $d400$ 合流主管；富丰路（紫云路—歙州大道）段现状人行步道下有一道 $800×800$ 合流箱涵；现状管道（涵）均已年久失修，无法使用。

　　安徽省黄山市莲花塘路（清凉路—富丰路）区域位于歙县城区，整体地势中间低、东西高，现状莲花塘路（歙州大道路—新安路）区域内排水体制为雨污合流制，道路南侧人行步道下有一道 $d1000$ 管涵，该管涵建设年代久远，现排水不畅，且缺陷较多。

学习目标

知识目标

　　(1) 掌握市政排水管道施工图的识读方法。
　　(2) 掌握市政排水管道开槽的施工工艺。
　　(3) 掌握市政排水管道功能试验方法。

能力目标

　　(1) 能够正确识读施工图纸，参与图纸会审。
　　(2) 能够按照施工规范参与市政排水管道开槽施工方案审查。
　　(3) 能够根据市政工程质量验收方法及验收规范进行市政排水管道质量检验、验收和评定。

素质目标

　　(1) 具有节约材料、保护环境的绿色理念。
　　(2) 具有团队协作、艰苦奋斗和甘于奉献的劳动品格。
　　(3) 具有社会责任感和良好的职业操守。

学习导读

　　本手册从识读排水管道施工图纸开始，介绍了一套完整的排水管道施工图的组成和识读方法；在熟悉施工图纸的基础上，按照排水管道开槽施工工艺流程进行施工过程讲解；最后进行管道施工质量检查与验收。整个手册由浅入深地介绍排水管道施工技术，直接体验管道施工的真实过程。

　　施工过程：识读施工图纸→施工放线→施工降排水→沟槽开挖与支撑→管道安装→排水管道功能性试验→沟槽回填。

　　施工降排水、沟槽开挖、沟槽支撑和沟槽回填部分与市政给水管道开槽施工相同，本部分不再赘述。

市政排水管道管材常采用球墨铸铁管、钢筋混凝土管和塑料排水管等,球墨铸铁排水管道施工参考球墨铸铁给水管道施工,本部分主要讲述钢筋混凝土排水管道和埋地塑料排水管道的施工。

任务1　市政排水管道施工图识读

一、相关知识

(一)排水管道的衔接

上、下游排水管道在检查井中衔接时应遵循两个原则:一是尽可能抬高下游管段的高程,以减小管道的埋深,降低造价;二是避免在上游管段中形成回水而造成淤积。

排水管道常用的衔接方法有水面平接和管顶平接(如图2-1)。

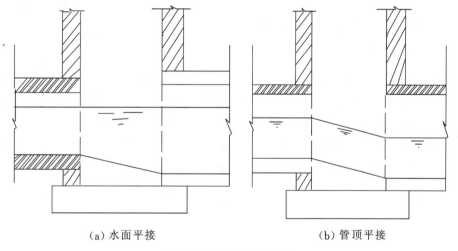

|　　　　(a)水面平接　　　　　　　　　　(b)管顶平接|
图 2-1　排水管道衔接方法

水面平接是指上游管段终端和下游管段起端在指定的设计充满度下的水面相平,即上游管段终端与下游管段起端的水面标高相同,适用于相同管径的管道的衔接。

管顶平接是指使上游管段终端和下游管段起端的管顶标高相同,适用于管道管径不相同时的衔接。采用管顶平接时,下游管段的埋深将增加,这对于平坦地区或埋深较大的管道,有时是不适宜的,这时为了尽可能减少埋深,可采用水面平接的方法。

注意,在任何情况下,下游管段的起端水面标高都不得高于上游管段的终端水面标高;下游管段的管底标高都不得高于上游管段的管底标高。

(二)管道埋深

管道埋深对于工程造价有一定影响,所以在满足技术条件的情况下,管道埋深越小越好,但是必须满足下列三个要求。

(1) 必须防止管道内的污水冰冻和因土壤冰冻膨胀而损坏路面管道。

(2) 必须防止管壁因地面荷载而受到破坏。

管道的最小覆土厚度与管道的强度、荷载大小及覆土的密实程度有关。我国相关规范规定,在车行道下,管道最小覆土厚度一般不小于 0.7 m,在非车行道下可以适当减小。

(3) 必须满足街区排水连接管衔接的要求。城市排水管道多为重力流,所以管道必须有一定的坡度。在确定下游管道埋深时,应考虑上游管道接入的要求。

上述三个不同因素下得到的最大值就是该管道的允许最小覆土厚度或最小埋深。

除考虑管道的最小埋深外,还应考虑最大埋深。埋深愈大,则造价愈高。管道的最大埋深应根据技术经济指标及施工方法而定,一般在干燥土壤中,最大埋深不超过 7～8 m,在多水、流砂、石灰岩地层中,一般不超过 5 m。

二、排水管道施工图纸与识读

排水管道施工图纸根据输送流体的不同,一般分为污水管道施工图和雨水管道施工图。一套完整的排水管道施工图纸包括图纸目录、施工设计说明、排水管道平面图、排水管道纵断面图、排水构筑物施工图纸等。

1. 排水管道平面图

排水管道平面图比例尺常用 1:1000～1:500,图上要求标明干管及主干管的长度、管径、坡度,标明检查井的准确位置,标明污水管道与其他地下管线或构筑物交叉点的具体位置、高程等,图上还应有图例、主要工程项目表和施工说明。

污水管道一般用符号 W 来标注,雨水管道一般用符号 Y 来标注。管道上方通常会标注该段管道的管径大小、敷设直线长度(以 m 为单位)和坡度,如图 2-2 所示,节点 W16 和节点 W17 之间,d400-16-20‰表示两节点之间管径为 400 mm,管道长度为 16 m,坡度为 20‰。

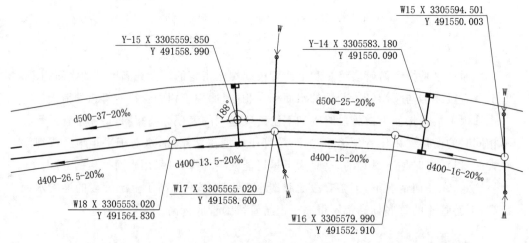

图 2-2　排水管道平面图

2. 排水管道纵断面图

排水管道纵断面图反映污水或雨水管道沿线的高程位置,它和平面图是相对应的。比例尺一般采用横向 1:1000~1:500,纵向 1:100~1:50。图上用双竖线表示检查井,且应标出沿线支管接入处的位置、管径、高程等。剖面图的下方有一表格,表格中列出检查井号、管道长度、管径、坡度、原地面标高、设计路面标高、管内底标高、埋深、管道材料等。

图 2-3 所示为污水管道纵断面图,节点 W16 和节点 W17 之间,管道长度为 16 m,坡度为 20‰,所以坡降为 16 m×20‰=0.32 m。

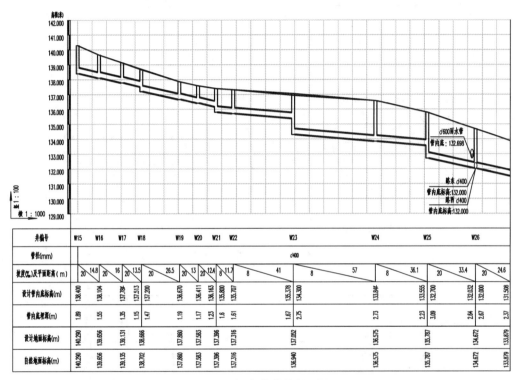

图 2-3 污水管道纵断面图

节点 W16 的设计管内底标高为 138.104 m,节点 W17 的设计管内底标高为 138.104 m−0.32 m=137.784 m。

节点 W16 管内底埋深为 139.656 m−138.104 m=1.552 m;节点 W17 管内底埋深为 139.131 m−137.784 m=1.347 m。

3. 排水构筑物施工图

(1)本次设计污水检查井采用混凝土模块式圆形污水检查井,参见国家建筑标准设计图集《混凝土模块式排水检查井》(12S522)P20(如图 2-4);雨水检查井采用混凝土模块式矩形雨水检查井,参见国家建筑标准设计图集 12S522 P33(如图 2-5)。

(2)W8、W18、W26、W36、W48 为沉泥井(如图 2-6),沉泥深度 0.6 m,做法参见国家建筑标准设计图集《钢筋混凝土及砖砌排水检查井》(20S515)P313,沉泥井位置根据现场实际情况确定。

(3)Y25、28、29、32、41 为跌水井(如图 2-7),做法参见国家建筑标准设计图集 20S515 P295、P296、P297。

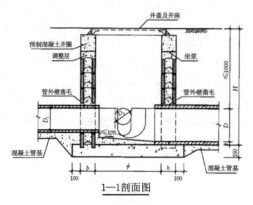

1—1剖面图

井室各部尺寸及工程量表

序号	各部尺寸				工程量/m³	
	D	ϕ	b	H		
1	200	700	180	1220	0.19	0.07
2	300			1330		
3	300	800	180	1330	0.22	0.11
4	400			1440		

注：1. $D+t=500 \leqslant H \leqslant D+t+1000$，表中$H$值为此种井型最大值
　　2. 流槽工程量按$D_1=D$计

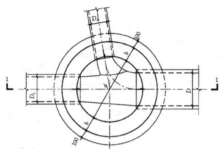

平面图

注：
1. 适用条件：干管顶设计覆土厚度不大于1.0m；有地下水。
2. 材料、施工细则及其他要求详见本图集总说明。
3. 混凝土圆形管道穿墙洞口做法详见本图集第16页。
4. 现浇混凝土调整层高度：$30 \leqslant f < 170$。

图 2-4　混凝土模块式圆形污水检查井

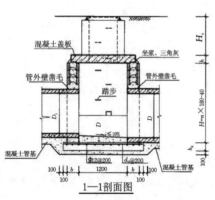

1—1剖面图

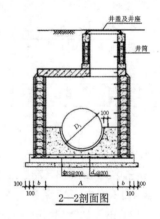

2—2剖面图

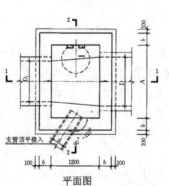

平面图

注：
1. 适用条件：盖板顶设计覆土：0.4 m≤H_1≤4.0 m。
2. 材料、施工细则及其他要求详见本图集总说明。
3. 图中井室尺寸A、b、H、h_1值，盖板型号及配筋d_b应根据D值及有无地下水条件分别按本图集第39页表确定；h值详见盖板配筋图。
4. 流槽部分在安装踏步的同侧加做脚窝，详见本图集第97页踏步、脚窝位置图。
5. 混凝土圆形管道穿墙洞口做法及盖板安装做法详见本图集第16页及第13页。
6. 支管接入最大管径：$D=1000\sim1400$时　$d \leqslant 400$；
　　　　　　　　　　$D=1500\sim1700$时　$d \leqslant 500$；
　　　　　　　　　　$D=1800\sim2000$时　$d \leqslant 600$。
7. 当$D_1 \neq D$时，流槽底坡度$i \leqslant 10\%$。

图 2-5　混凝土模块式矩形雨水检查井

国家标准
图集 20S515

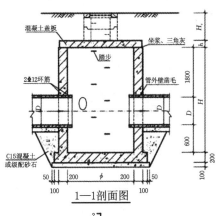

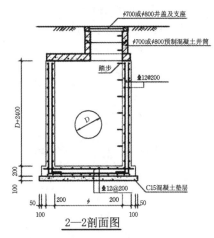

注：1. 井墙及底板混凝土为C30、S6；钢筋Φ-HPB300、Φ-HRB400。
2. 混凝土净保护层40 mm。
3. 坐浆、抹三角灰均用M10防水水泥砂浆。
4. 接入管道超挖部分用混凝土或级配砂石填实。
5. 管道与墙体、底板间隙应用混凝土浇筑或砂浆填实，挤压严密。
6. 图中井室尺寸、配筋、适用条件、盖板型号、允许管径d应根据φ值按第314页确定。
7. 踏步布置、踏步安装见第332、334页。
8. 适用于排水管道掏挖淤泥用，D=200~1000；0.4 m≤H_s≤4.0 m。
9. 其他要求详见总说明。

图 2-6 圆形混凝土沉泥井

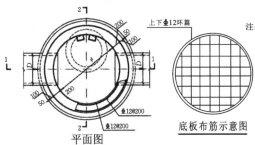

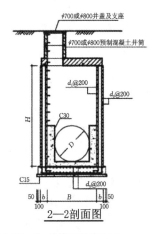

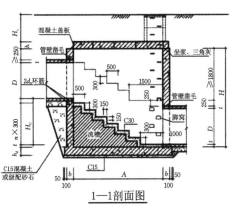

注：1. 井墙及底板混凝土为C30、S6；流槽面层混凝土C30；钢筋Φ-HPB300、Φ-HRB400。
2. 混凝土净保护层40 mm。
3. 坐浆、抹三角灰均用M10防水水泥砂浆。
4. 流槽用C15的混凝土浇筑或用M10水泥砂浆砌MU10流槽专用砖，M10防水水泥砂浆抹面，厚度20 mm。
5. 接入管道超挖部分用混凝土或级配砂石填实。
6. 管道与墙体、底板间隙应用混凝土浇筑或用砂浆填实，挤压严密。
7. 图中井室尺寸、配筋、适用条件、盖板型号应根据D值按第296~303页确定。
8. 流槽部分在安装踏步的同侧加设脚窝，踏步及脚窝布置、踏步安装见第333、334页。
9. 其他要求详见总说明。

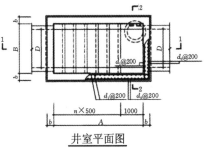

图 2-7 阶梯式混凝土跌水井

（4）雨水口（如图 2-8）施工参见国家建筑标准设计图集《雨水口》（16S518）P8、P9，雨水口连接管均采用 $d300$ Ⅱ 级钢筋混凝土管，坡度 $i＝1.0\%$，坡向检查井，起点覆土不小于 0.7 m。

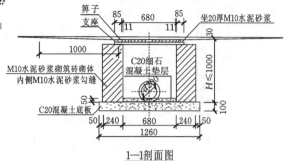

1—1剖面图

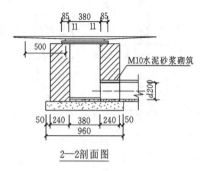

2—2剖面图

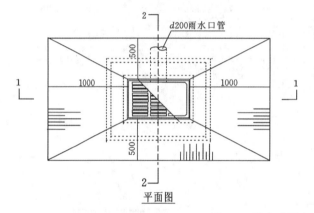

平面图

工程量表

H (m)	工程量（m³）			算子（个）	支座（个）
	底板C20混凝土	垫层C20细石混凝土	砖砌体		
0.7	0.121	0.013	0.46	1	1
1.0	0.121	0.013	0.68	1	1

说明：1. 算子及支座见第53～57、60～65页，根据具体工程需要可选用球墨铸铁、球墨铸铁复合树脂及钢格板等材质。
2. 砖砌体材料要求见总说明。
3. 垫层最小厚度35mm。
4. 本图适用范围详见第7页。

图 2-8　砖砌式雨水口

任务 2　钢筋混凝土管施工

钢筋混凝土管适用于排除雨水和污水，按其管口形式分通常有承插管、企口管、平口管（已禁止使用）、钢承口管和双插口管五种，如图 2-9 所示。

优点：制作方便、造价低、耗费钢材少，在室外排水管道中应用广泛。

缺点：抵抗酸、碱浸蚀及抗渗性能较差，管节短，接头多，施工复杂，在地震区或淤泥土质地区不宜敷设。

适用范围：钢筋混凝土管可承受较大的内压，可在对管材抗弯、抗渗有要求，管径较大的工程中使用。

一、管子装卸

（1）对到现场的管材进行检查（如图 2-10），管子内、外表面应平整，表面应无黏皮、麻面、蜂窝、塌落、露筋、空鼓、裂缝，合缝处不应漏浆。

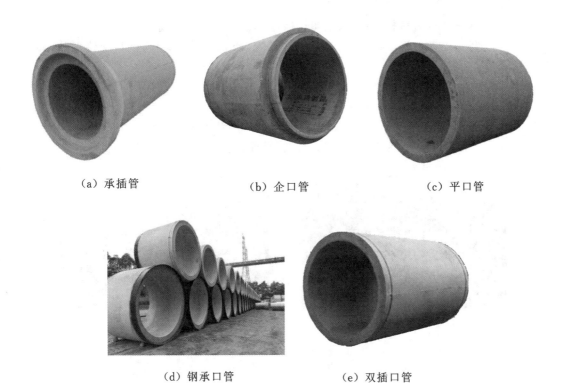

（a）承插管　　　　　　　（b）企口管　　　　　　　（c）平口管

（d）钢承口管　　　　　　　（e）双插口管

图 2-9　钢筋混凝土管

（2）采用兜身吊带或专用工具起吊管子（如图 2-11）。

（3）装卸时应轻装、轻放，运输时应垫稳、绑牢，避免相互撞击，造成接口部位损伤。

（4）用管时必须自上而下依次搬运。

图 2-10　钢筋混凝土管材检查　　　　图 2-11　钢筋混凝土管吊装

钢筋混凝土
排水管道施工

二、管道堆放

（1）宜选择使用方便、平整、坚实的场地，尽量避免或减少二次搬运，且便于装卸，不妨碍交通。

（2）成品管材应按不同管材品种、公称内径、工作压力、覆土深度分别堆放，不得混放。

（3）应设置管材材料标识牌，注明规格、厂家、型号、检验记录等。

（4）堆放必须垫稳，对存放的每节管应固定，防止滚动，承口与插口交错摆放，如图 2-12 所示。

（5）成品管材允许的堆放层高可按照产品技术标准或生产厂家的要求。在采取适当措施的情况下，公称内径小于 100 mm 的管材堆放数可增加。

（6）公称内径小于等于 500 mm 时，管子堆放层数不超过 4 层。

（7）公称内径大于等于 1400 mm 时，管子堆放应采用立放，如图 2-13 所示。

图 2-12　管子堆放防止滚动垫块图

图 2-13　大管径管子立放图

三、钢筋混凝土排水管道的基础

合理选择排水管道基础，对排水管道的质量有很大影响。为了避免排水管道在外部荷载作用下产生不均匀沉降而造成管道破裂、漏水等现象，对管道基础的处理应慎重考虑。

（一）基础结构

钢筋混凝土排水管道基础一般由地基、垫层、基础和管座四部分组成，如图 2-14 所示。

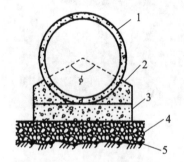

图 2-14　排水管道基础示意图

1—管道；2—管座；3—基础；4—垫层；5—地基

（1）地基是指沟槽底的土壤部分。它承受管子和基础的重量、管内水重、管上土压力和地面上的荷载。

（2）垫层是基础下面的部分，起加强地基的作用。地基土质较好、无地下水时也可不做垫层。

（3）基础是指管子与地基间经人工处理过的或专门建造的设施，起传力的作用。

（4）管座是管子下侧与基础之间的部分，设置管座的目的在于它使管子与基础连成一个整体，增加管子的刚度，减少变形。

（二）基础类型

1. 土弧基础

如图 2-15(a)所示，土弧基础是在原土上挖弧形管槽（通常采用 90°弧形）而成，管道安装在弧形槽内。它适用于无地下水且原土干燥能挖成弧形槽的地区,可作为管顶覆土厚度在 0.7～2.0 m 的街坊污水管线或雨水管线,以及不在车行道下的次要管道及临时性管道的基础。

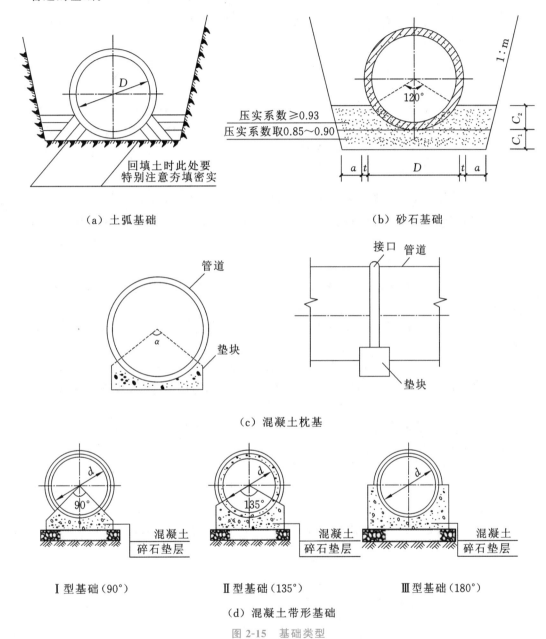

（a）土弧基础　　　　　　　　　（b）砂石基础

（c）混凝土枕基

Ⅰ型基础（90°）　　　Ⅱ型基础（135°）　　　Ⅲ型基础（180°）

（d）混凝土带形基础

图 2-15　基础类型

2. 砂石基础

如图 2-15（b）所示,砂石基础是在挖好的弧形管槽上,用带棱角的粗砂填厚 200 mm 的砂垫层。它适用于无地下水、坚硬岩石地区,可作为管顶覆土厚度在 0.7～2.0 m 的排水管道的基础。

3. 混凝土枕基

如图 2-15(c)所示，混凝土枕基是只在管道接口处设置的管道局部基础。通常在管道接口下用混凝土做成枕状垫块。它适用于干燥土壤雨水管道及不太重要的污水支管上，常与土弧基础或砂石基础同时使用。

4. 混凝土带形基础

混凝土带形基础是沿管道全长铺设的基础。按管座的形式不同可分为 90°、135°、180°三种管座基础，如图 2-15(d)所示。

混凝土带形基础的整体性强，抗弯抗震性能好，适用于各种潮湿土壤，以及土质较差、地下水位较高、地基软硬不均匀的排水管道上，无地下水时可在槽底原土上直接浇筑混凝土基础。有地下水时要在槽底铺卵石或碎石垫层，然后在上面浇筑混凝土基础。

（三）钢筋混凝土管道基础施工要求

（1）钢筋混凝土管道，当地基承载力特征值 $f_{ak} \geqslant 100$ kPa 时，宜优先采用砂石或土弧基础。

（2）钢筋混凝土基础施工应符合下列规定：

① 平基与管座的模板，可一次或两次支设，每次支设高度宜略高于混凝土的浇筑高度；

② 平基、管座的混凝土设计无要求时，宜采用强度等级不低于 C15 的低坍落度混凝土；

③ 管座与平基分层浇筑时，应先将平基凿毛冲洗干净，并将平基与管体相接触的腋角部位，用同强度等级的水泥砂浆填满、捣实后，再浇筑混凝土，使管体与管座混凝土结合严密；

④ 管座与平基采用垫块法一次浇筑时，必须先从一侧灌注混凝土，对侧的混凝土高过管底与灌注侧混凝土高度相同时，两侧再同时浇筑，并保持两侧混凝土高度一致；

⑤ 管道基础应按设计要求留变形缝，变形缝的位置应与柔性接口相一致；

⑥ 管道平基与井室基础宜同时浇筑，跌落水井上游接近井基础的一段应砌砖加固，并将平基混凝土浇至井基础边缘；

⑦ 混凝土浇筑中应防止离析；浇筑后应进行养护，强度低于 1.2 MPa 时不得承受荷载。

四、钢筋混凝土排水管道的铺设

钢筋混凝土排水管道铺设的方法较多，常用的方法有平基法、垫块法、"四合一"施工法。应根据管道种类、管径大小、管座形式、管道基础、接口方式等来选择排水管道铺设的方法。

（一）平基法

平基法是首先浇筑平基（通基）混凝土，待平基达到一定强度再下管、安管（稳管）、浇筑管座及抹带接口的施工方法。这种方法常用于雨水管道，尤其适合于地基不良或雨季施工的场合。

平基法施工程序：支平基模板→浇筑平基混凝土（如图 2-16）→下管→安管（稳管）→支管座模板→浇筑管座混凝土（如图 2-17）→抹带接口→养护。

图 2-16 浇筑平基混凝土   图 2-17 浇筑管座混凝土

（二）垫块法

在预制混凝土垫块上安管（稳管），再浇筑混凝土基础和接口的施工方法，称为垫块法（如图 2-18、图 2-19）。采用这种方法可避免平基、管座分开浇筑，是污水管道常用的施工方法。

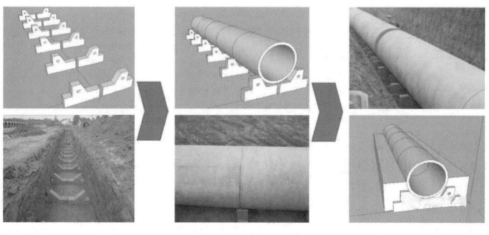

图 2-18 垫块法施工示意图

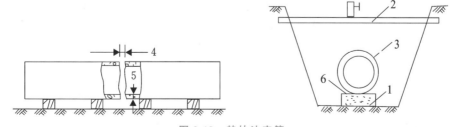

图 2-19 垫块法安管

1—垫块；2—坡度板；3—管子；4—对口；5—错口；6—干净石子或碎石

垫块法施工程序：预制垫块→安垫块→下管→在垫块上安管→支模→浇筑混凝土基础→接口→养护。

（三）"四合一"施工法

将混凝土平基、稳管、浇筑管座、抹带接口四道工艺合在一起施工的做法，称为"四合一"施工法。这种方法速度快，质量好，是 $DN \leqslant 600$ mm 管道普遍采用的方法。

1. 平基

灌注平基混凝土时，一般应使平基面高出设计平基面 20～40 mm（视管径大小而定），并进行捣固。对于管径小于 400 mm 的管道，可将管座混凝土与平基一次灌齐，并将平基面做成弧形以利于稳管。

2. 稳管

将管子从模板上滚至平基弧形内，前后揉动，将管子揉至设计高程（一般高于设计高程 1～2 mm，以备安装下一节时管子稍有下沉），同时控制管子中心线位置准确无误。

3. 浇筑管座

完成稳管后，立即支设管座模板，浇筑两侧管座混凝土，捣固管座两侧三角区，填补对口砂浆，抹平管座两肩。如管道接口采用钢丝网水泥砂浆抹带接口时，混凝土的捣固应注意钢丝网位置的正确性。为了配合管内缝勾捻，管子管径在 600 mm 以下时，可用麻袋球或其他工具在管内来回拖动，将管口内溢出的砂浆抹平。

4. 抹带接口

管座混凝土灌注后，马上进行抹带，随后勾捻内缝，抹带与稳管至少相隔 2～3 节管，以免稳管时不小心碰撞管子，影响接口质量。

五、钢筋混凝土排水管道接口

钢筋混凝土管的接口形式有刚性、柔性和半柔半刚性三种。刚性接口施工简单，造价低廉，应用广泛，但刚性接口抗震性差，不允许管道有轴向变形；柔性接口抗变形效果好，但施工复杂，造价较高。

刚性接口是不能承受轴向线变位和相对角变位的管道接口，常用的有水泥砂浆抹带接口、钢丝网水泥砂浆抹带接口或用法兰连接的管道接口。柔性接口能承受一定量的轴向线变位和相对角变位，如用橡胶圈等材料密封连接的管道接口就属于柔性接口。半柔半刚性接口介于刚性接口及柔性接口之间，使用条件与柔性接口类似，常用预制套环石棉水泥（或沥青砂浆）接口。

（一）刚性接口

目前常用的刚性接口有水泥砂浆抹带接口和钢丝网水泥砂浆抹带接口两种。

1. 水泥砂浆抹带接口

水泥砂浆抹带接口是在管道接口处用 1:2.5～1:3 的水泥砂浆抹成半椭圆形或其他形状的砂浆带，带宽为 120～150 mm。一般适用于地基较好、具有带形基础、管径较小的雨水管道和地下水位以上的污水支管。企口管和承插管均可采用此种接口,如图 2-20 所示。

（a）企口　　　　　　　　（b）承插口

图 2-20　水泥砂浆抹带接口

水泥砂浆抹带接口的主要施工步骤见图 2-21。

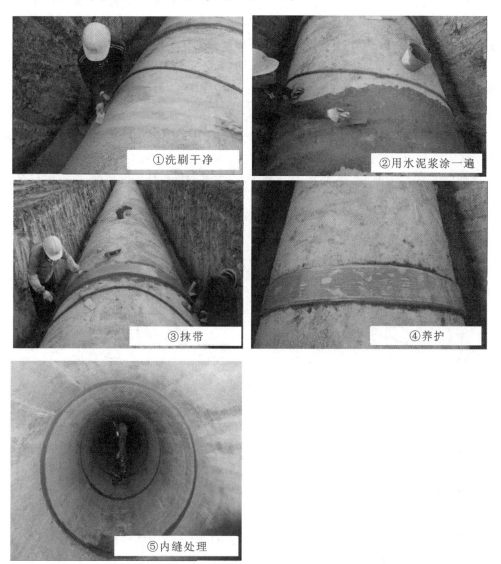

①洗刷干净　　②用水泥浆涂一遍　　③抹带　　④养护　　⑤内缝处理

图 2-21　水泥砂浆抹带接口步骤

（1）抹带前将管口及管外皮抹带处洗刷干净。

（2）第一层砂浆厚度约为带厚的 1/3,压实使管壁粘接牢固,在表面划出线槽,以利于与第二层结合。

（3）待第一层初凝后抹第二层，用弧形抹子捋压成形，初凝前再用抹子赶光压实。

（4）抹带完成后，立即用吸水性强的平软材料覆盖，3～4 h后洒水养护。

（5）水泥砂浆填缝及抹带接口作业时，应及时清除落入管道内的接口材料；管径大于或等于700 mm时，应采用水泥砂浆将管道内接口部位抹平、压光；管径小于700 mm时，填缝后应立即拖平。

2. 钢丝网水泥砂浆抹带接口

（1）抹带亦采用1:2.5水泥砂浆。

（2）抹带前将管口抹带宽度范围内管外壁凿毛、刷净、润湿；两侧安装弧形边模。

（3）抹第一层砂浆，厚约15 mm，紧接着将管座内的钢丝网兜起，紧贴底层砂浆，上部搭接处用绑丝扎牢，钢丝网头应塞入网内使网表面平整。

（4）第一层水泥砂浆初凝后再抹第二层水泥砂浆使之与模板齐平，初凝前赶光压实，并及时养护。

（二）半柔半刚性接口

半柔半刚性接口通常采用预制套环石棉水泥接口（如图 2-22），适用于地基不均匀沉降不严重地段的污水管道或雨水管道的接口。套环一般由工厂预制，石棉水泥的重量配合比为水:石棉:水泥=1:3:7。施工时，先将两管口插入套环内，然后用石棉水泥在套环内填打密实，确保不漏水。

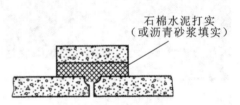

石棉水泥打实
（或沥青砂浆填实）

图 2-22　预制套环石棉水泥接口（或沥青砂浆）

（三）柔性接口

通常采用的柔性接口有橡胶圈接口（如图 2-23）、沥青麻布（玻璃布）接口、沥青砂浆接口、承插管沥青油膏接口等，适用于地基不均匀沉陷较严重地段的污水管道和雨水管道的接口。

1. 橡胶圈接口

通过自动扩口机将管材的一端扩成带凹道的承口，放上柔性橡胶密封圈，将另一根管材未扩口的一端插进装好密封圈的承口里完成连接的方式，称为橡胶圈接口。钢筋混凝土管根据其管口形式的不同，其橡胶圈接口也不同，如图 2-23 所示。

2. 沥青麻布（玻璃布）接口

沥青麻布（玻璃布）接口适用于无地下水、地基不均匀沉降不太严重的企口排水管道。其操作程序及要点如下：

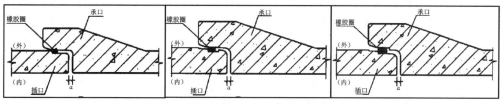

（a）钢筋混凝土承插管橡胶圈接口

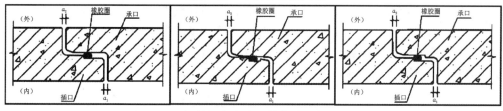

（b）钢筋混凝土企口管橡胶圈接口

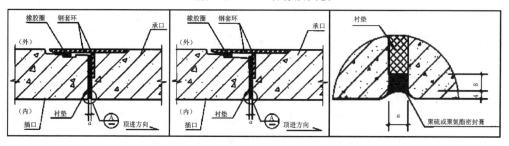

（c）钢筋混凝土钢承口管橡胶圈接口

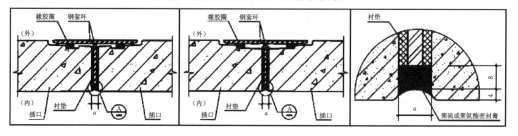

（d）钢筋混凝土双插口管橡胶圈接口

图 2-23　橡胶圈接口

（1）清理管口。用钢丝刷将管口外皮刷毛并清理干净。

（2）涂冷底子油。在管口粘接沥青麻布处先涂一层冷底子油。

（3）粘接沥青麻布。冷底子油晾干后,涂热沥青,厚约 1.5 mm,趁热将裁剪好的沥青麻布或玻璃布粘贴在管口上,布搭接长 150 mm。再涂热沥青,贴布。如此反复,共做四油三布。

（4）8 号钢丝固定。在沥青麻布外捆两道 8 号钢丝,并在钢丝上涂沥青。

（5）勾捻内缝。浇筑管道基础后,用 1∶3 水泥砂浆捻内缝。

3. 承插管沥青油膏接口

沥青油膏具有黏结力强、受温度影响小等特点,接口施工方便。沥青油膏可自制,也可购买成品。

操作程序及要点如下:

（1）清理管口。将管口清刷干净并保持干燥。

（2）刷冷底子油。在承口内和插口外刷冷底子油一道。

（3）制备膏条。将油膏捏成膏条，接口下部所用膏条粗度约为接口间隙的 2 倍，上部所用膏条粗度约同接口间隙。

（4）安第一节管子。将刷好冷底子油的管子按设计要求稳管，承口朝来水方向。

（5）填放接口下部膏条。用喷灯将承口内部的冷底子油烤热，使之发黏；同时将粗膏条烤热发黏，在接口下部135°范围内用粗膏条垫好按平。

（6）插入第二节管子。将第二节管子插入垫好膏条管子的承口内并稳管。

（7）填塞接口上部膏条。将细膏条填入接口上部，用薄錾子填捣密实，膏条搭接处应加强填捣。最后用厚錾子填捣，使接口表面平整。

任务 3　埋地塑料排水管施工

　　塑料管具有表面光滑、水力条件好、耐腐蚀、不易结垢、重量轻、加工接口方便、漏水率低等优点，因此在排水管道工程中已得到应用和普及，但塑料管质脆、易老化，与金属管、混凝土管相比，强度低。常用的塑料排水管主要有如下种类。

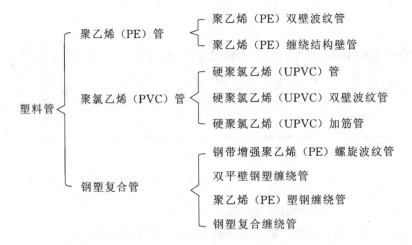

一、埋地塑料排水管分类

1. 聚乙烯（PE）双壁波纹管

埋地塑料排水管施工微课

　　聚乙烯双壁波纹管（如图 2-24）是指内壁光滑而外壁具有波纹（波纹形状可以为直角、梯形及正弦形等）的塑料管，是同时挤出两个同心管，再将波纹外管熔接在内壁光滑的内管上而形成的。

　　连接方式主要有承插式弹性密封圈连接、卡箍（哈夫）连接、交联聚乙烯热缩套连接等。

图 2-24　聚乙烯(PE)双壁波纹管

特点:抗外压能力强,工程造价低,施工方便,摩阻系数小、流量大,耐低温抗冲击性能强,化学稳定性佳,使用寿命长,耐磨性能优异,有适当的挠曲度。

2.聚乙烯(PE)缠绕结构壁管

聚乙烯缠绕结构壁管以聚乙烯树脂为主要原料,制成中空型材或挤出聚乙烯带包覆软管,采用缠绕成型工艺制成的管道。聚乙烯缠绕结构壁管分为 A 型和 B 型,如图 2-25所示。

(a) A型

(b) B型

图 2-25　聚乙烯(PE)缠绕结构壁管

A 型内外壁平整,管壁中具有螺旋中空结构。其连接方式主要有承插式电熔、电热熔带连接等。

B 型内壁平整，外壁为有软管作为辅助支撑的中空螺旋形肋。其连接方式主要有承插式电熔、热熔挤出焊接等。

3.硬聚氯乙烯（UPVC）管

硬聚氯乙烯管（如图 2-26）是以聚氯乙烯树脂为主要原料，加入必要的添加剂，经挤出成型工艺制成的内外壁光滑、平整的管道。连接方式主要有承插式弹性密封圈连接、卡箍（哈夫）连接、溶剂黏结等。

4.硬聚氯乙烯（UPVC）双壁波纹管

硬聚氯乙烯双壁波纹管（如图 2-27）是以硬聚氯乙烯为主要原料，双壁波纹管分别由内、外挤出，一次成型，内壁平滑，外壁呈梯形波纹状的塑料管材。连接方式主要有承插式弹性密封圈连接、卡箍（哈夫）连接、交联聚乙烯热缩套连接等。

图 2-26　硬聚氯乙烯（UPVC）管　　图 2-27　硬聚氯乙烯（UPVC）双壁波纹管

5.硬聚氯乙烯（UPVC）加筋管

硬聚氯乙烯加筋管（如图 2-28）是由硬聚氯乙烯为主要原料加工生产的内壁光滑、外壁带有垂直加强筋的新型管道。连接方式主要有承插式弹性密封圈连接等。

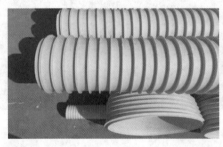 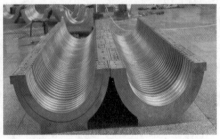

图 2-28　硬聚氯乙烯（UPVC）双壁波纹管

6.钢带增强聚乙烯（PE）螺旋波纹管

对钢带表面进行特殊预处理，其目的是增强钢材的防腐蚀能力以及钢材和塑料的黏合力，提高剥离强度。由于钢带增强聚乙烯螺旋波纹管（如图 2-29）是在塑料原料充分熔融的状态下缠绕成型的，因此管材的整体结构牢固可靠。其连接方式主要有承插弹性密封圈连接、电热熔带连接、卡箍（哈夫）连接、交联聚乙烯热缩套连接、热熔挤出焊接等。

7.双平壁钢塑复合缠绕管

双平壁钢塑复合缠绕管（如图 2-30）是由挤出成型的带有 T 型肋的聚乙烯带材与轧制成型的波形钢带，经缠绕成型和外包覆工艺而制成的内外壁平整、中间层为螺旋状波纹钢带增强层的管道。其连接方式主要有电热熔带连接、卡箍（哈夫）连接等。

图 2-29 钢带增强聚乙烯（PE）螺旋波纹管

图 2-30 双平壁钢塑复合缠绕管

8. 聚乙烯(PE)塑钢缠绕管

聚乙烯塑钢缠绕管（如图 2-31）是采用挤出工艺将钢带与聚乙烯复合成异型带材，再将异型带材螺旋缠绕并焊接成内壁平整、外壁为聚乙烯包覆钢带的螺旋肋的管道。其连接方式主要有电热熔带连接、卡箍（哈夫）连接等。

9. 钢塑复合缠绕管

钢塑复合缠绕管（如图 2-32）是由挤出成型的带有 T 型肋的聚乙烯带材与轧制成型的波形钢带，经缠绕成型工艺制成的内壁平整、外壁为螺旋状波形钢带的管道。其连接方式主要有电热熔带连接、卡箍（哈夫）连接、热熔挤出焊接等。

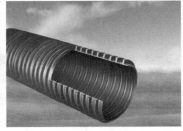

图 2-31 聚乙烯(PE)塑钢缠绕管

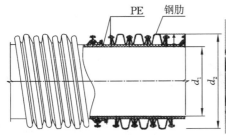

图 2-32 钢塑复合缠绕管

二、地基处理

（1）塑料排水管道应敷设在天然地基上，地基承载能力特征值（f_{ak}）不应小于 60 kPa。

（2）塑料排水管道敷设当遇不良地质情况时，应按地基处理规范对地基进行处理后再进行管道敷设。

（3）塑料排水管道不得采用刚性管基础，严禁采用刚性桩直接支承管道。管道基础应采用中粗砂或细碎石土弧基础。管底以上部分土弧基础的尺寸，应根据管道结构计算确定；管底以下部分人工土弧基础的厚度可按公式（2-1）计算确定，且不宜大于 0.3 m。

$$h_s = 0.1(1 + DN) \tag{2-1}$$

式中：h_s——管底以下部分人工土弧基础的厚度（m）；

　　　DN——管道的公称直径（m）。

（4）在地下水位较高、流动性较大的场地内敷设塑料排水管道，当遇管道周围土体可能发生细颗粒土流失的情况时，应沿沟槽底部和两侧边坡铺设土工布加以保护，且土工布密度不宜小于 250 g/m²。

（5）在同一敷设区段内，当遇地基刚度相差较大时，应采用换填垫层或其他有效措施减少塑料排水管道的差异沉降，垫层厚度应视场地条件确定，但不应小于 0.3 m。

三、下管

（1）塑料排水管道下管前，对需要进行管道变形检测的断面，应首先量出该管道断面的实际直径尺寸，并做好标记。

（2）承插式密封圈连接、卡箍（哈夫）连接所用的密封件和紧固件等配件，以及胶黏剂连接所用的胶黏剂，应由管材供应商配套供应；承插式电熔连接、电热熔带连接、挤出焊接连接应采用专用工具进行施工。

（3）塑料排水管道安装时应对连接部位、密封件等进行清洁处理；卡箍（哈夫）连接所用的卡箍、螺栓等金属制品应按相关标准要求进行防腐处理。

（4）应根据塑料排水管道管径大小、沟槽和施工机具情况，确定下管方式。采用人工方式下管时，应使用带状非金属绳索平稳溜管入槽，不得将管材由槽顶滚入槽内；采用机械方式下管时，吊装绳应使用带状非金属绳索，吊装时不应少于两个吊点，不得串心吊装，下沟应平稳，不得与沟壁、槽底撞击。

（5）塑料排水管道安装时应将插口顺水流方向，承口逆水流方向；安装宜由下游往上游依次进行；管道两侧不得采用刚性垫块的稳管措施。

四、管道接口

塑料排水管道系统中承插式接口、机械连接等部位的凹槽（如图 2-33），宜在管道铺设时随铺随挖。凹槽的长度、宽度和深度可按管道接头尺寸确定。在管道连接完成后，应立即用中粗砂回填密实。

塑料排水管道分为刚性连接和柔性连接两种方式。不同种类管道的连接方式可按表 2-1 选用。

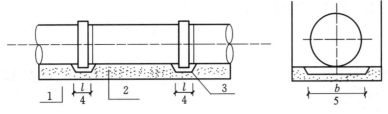

图 2-33　管道接口处的凹槽

1—原状土地基;2—中粗砂基础;3—凹槽;4—槽长;5—槽宽

表 2-1　塑料排水管道常用连接方式

管道类型	柔性连接			刚性连接				
	承插式弹性密封圈	双承口弹性密封圈	卡箍(哈夫)	胶黏剂	热熔对接	承插式电熔	电热熔带	热熔挤出焊接
硬聚氯乙烯(UPVC)管	√	—	—	√	—	—	—	—
硬聚氯乙烯(UPVC)双壁波纹管	√	△	△	—	—	—	—	—
硬聚氯乙烯(UPVC)加筋管	√	—	—	—	—	—	—	—
聚乙烯(PE)管	√	—	—	—	√	—	—	—
聚乙烯(PE)双壁波纹管	√	△	△	—	—	—	—	—
聚乙烯(PE)缠绕结构壁管(A 型)	—	√	—	—	—	—	△	—
聚乙烯(PE)缠绕结构壁管(B 型)	—	—	—	—	—	√	—	△
钢塑复合缠绕管	—	—	△	—	—	—	△	—
双平壁钢塑复合缠绕管	—	√	△	—	—	—	√[①]	—
聚乙烯(PE)塑钢缠绕管	—	—	△	—	—	—	√[②]	—
螺旋波纹管	△[③]	△	△	—	—	—	—	△

注:a. 表中"√"表示优先采用,"△"表示可采用;

b. 表中①表示内衬贴片后可采用电热熔带连接;

c. 表中②表示内壁焊接后可采用电热熔带连接;

d. 表中③表示加工成承插口后可采用承插式弹性密封圈。

(一)承插式弹性密封圈连接

将管道的插口端插入相邻管道的承口端,并在承口和插口管端间的空隙内用配套的橡胶密封圈密封构成的连接,称为承插式弹性密封圈连接。

(1)管材断面应与管轴线垂直。

(2)承口内侧和插口外侧应保持清洁[如图 2-34(a)]。

(3)安装前,检查橡胶密封的规格、外观,应完好无损、有弹性,满足设计要求。

(4)橡胶密封圈应安装在插口的一、二波峰之间的槽内。密封圈应理顺装平,若需安装两个密封圈时,可间隔一个波纹安放[如图 2-34(b)]。

(5)橡胶密封圈表面及管材或管件的插口外表面应均匀涂抹专用润滑剂,如图 2-34(c)所示。禁止使用黄油或其他油类作润滑剂。

（6）安装。插口与水流方向应一致,由低点向高点依次安装。

（7）对于管径大于 400 mm 的管材,可用绳索系住管材,用手动葫芦等工具安装,如图 2-34(d)所示。严禁用施工机械强行顶进管道。

（a）清理表面杂物

（b）装橡胶圈

（c）涂润滑剂

（d）插入

图 2-34　承插式弹性密封圈连接

（二）卡箍（哈夫）连接

卡箍（哈夫）连接（如图 2-35）是采用机械紧固方法和橡胶密封件将相邻管端连成一体的连接方法。卡箍连接是将相邻管端用卡箍包覆,并用螺栓紧固;哈夫连接是将相邻管端用两半外套筒包覆,并用螺栓紧固。卡箍（哈夫）连接在套筒和管外壁间用配套的橡胶密封圈密封。

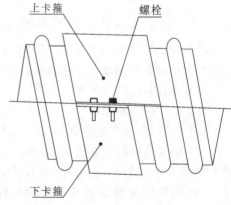
上卡箍　螺栓

下卡箍

图 2-35　卡箍（哈夫）连接

（三）电热熔带连接

采用内埋电热丝的电热熔带包覆管端,通电加热,使两管端与电热熔带熔接成一体的方法,称为电热熔带连接,如图 2-36 所示。

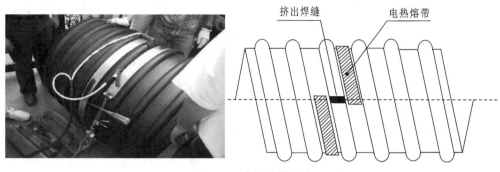

图 2-36　电热熔带连接

（四）热熔挤出焊接

采用专用焊接工具和焊条(焊片或挤出焊料)将相邻管端加热,使其熔融成整体的连接方法,称为热熔挤出焊接,如图 2-37 所示。

图 2-37　热熔挤出焊接连接

（五）交联聚乙烯热缩套连接

热缩套(带)连接用的材料是聚乙烯套(带)和增强纤维网。连接施工时,将热缩套(带)套在待连接管段的接缝处,通过喷灯加热使其收缩,与内壁热熔胶熔接,形成密封且有一定强度的连接接头,如图 2-38 所示。

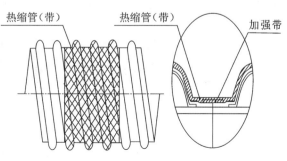

图 2-38　交联聚乙烯热缩套连接

（六）胶黏剂连接

采用聚氯乙烯管道专用胶黏剂涂抹在聚氯乙烯管道的承口和插口，使聚氯乙烯管道黏结成一体的连接方法，称为胶黏剂连接，如图 2-39 所示。

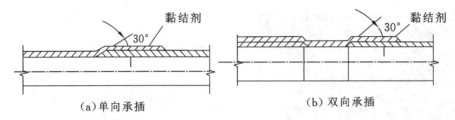

（a）单向承插　　　　　　　　　　（b）双向承插

图 2-39　聚氯乙烯管黏结连接

（七）承插式电熔连接

利用镶嵌在承口连接处接触面的电热元件通电后产生的高温将承、插口接触面熔融焊接成整体的连接方法，称为承插式电熔连接，如图 2-40 所示。

图 2-40　承插式电熔连接

（八）双向承插式弹性密封圈连接

插口插入承口时，小口径管可在管端设置木挡板，用撬棒将管材沿轴线徐徐插入承口内；公称直径大于 $DN400$ 的管道可用缆绳系住管材，用手动葫芦等工具将管材徐徐拉入承口内。图 2-41 是双向承插式弹性密封圈连接示意图。

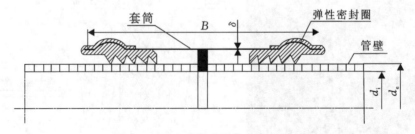

图 2-41　双向承插式弹性密封圈连接

五、塑料排水管道与检查井连接

（一）塑料排水管道与塑料检查井的连接

1. 刚性连接

（1）UPVC 平壁管的插口与 UPVC 塑料检查井的承口采用 PVC 胶黏剂连接。

（2）A 型 PE 缠绕结构壁管与 PE 塑料检查井采用电热熔带、热缩带连接或焊接。

（3）B 型 PE 缠绕结构壁管与 PE 塑料检查井采用承插式电熔连接。

2. 柔性连接

各种材质的塑料管道与塑料检查井的承插式接口采用橡胶密封圈的连接方式。

（二）塑料排水管道与混凝土检查井或砌体检查井的连接

1. 刚性连接

（1）对外壁平整的塑料管材，如 UPVC 平壁管等，为增加管材与检查井的连接效果，需对管道伸入检查井部位的管外壁预先作粗化处理［如图 2-42(a)］，即用胶黏剂、粗砂预先涂覆于管外壁，经固化后，再用水泥砂浆将粗化处理的管端砌入检查井井壁上。

（2）对外壁不平整的管材，如双壁波纹管、加筋管、缠绕结构壁管等，先采用现浇混凝土包封插入井壁的管端，再用水泥砂浆将包封的管端砌入检查井井壁上，如图 2-42(b)所示。

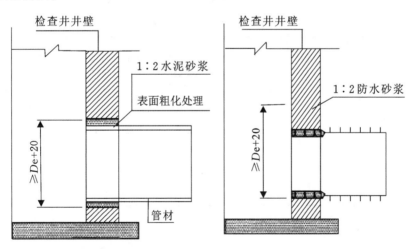

（a）外壁平整粗化处理　　　　（b）外壁不平整管道做法

图 2-42　刚性连接（中介层做法）

2. 柔性连接

预制混凝土外套环，并用水泥砂浆将混凝土圈梁砌筑在检查井井壁上，然后采用橡胶密封圈连接（如图 2-43）。

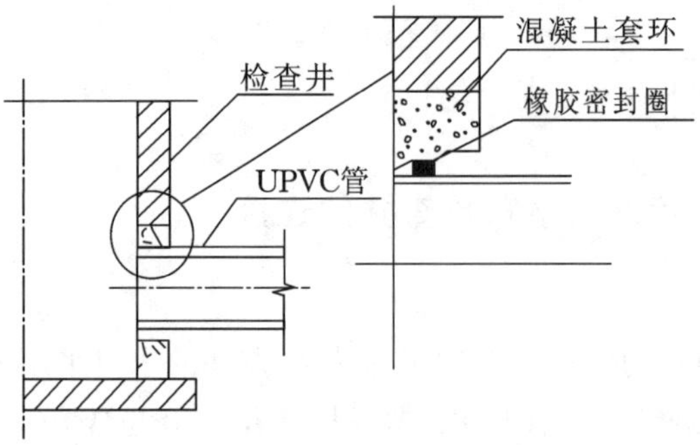

图 2-43 柔性连接

任务 4 排水构筑物施工

排水构筑物施工

一、检查井

为便于对管渠系统作定期检查、清通，也便于连接上下游管道，必须在管道适当位置上设置检查井。

检查井通常设在管道交汇处、转弯处、管径或坡度改变处、跌水处及直线管段上每隔一定距离处。检查井在直线管渠段上的最大间距一般按表 2-2 的规定取值。

表 2-2 检查井最大间距

管径或暗渠净高/mm	最大间距/m	
	污水管道	雨水（合流）管道
200～400	40	50
500～700	60	70
800～1000	80	90
1100～1500	100	120
1600～2000	120	120

（一）检查井类型

根据检查井的平面形状，可将其分为圆形、矩形和扇形。根据砌筑材料分类，检查井有混凝土模块式、预制装配式、塑料式和钢筋混凝土现浇式等，如图 2-44 所示。

（二）检查井组成

检查井主要由井底（包括基础）、井身和井盖（包括盖座）三部分组成，如图 2-45 所示。

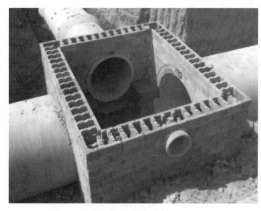
（a）混凝土模块式

（b）预制装配式

（c）塑料式

（d）钢筋混凝土现浇式

图 2-44　检查井

1. 井底

井底一般采用低标号的混凝土。直径小于 900 mm 的圆形井，采用 C25 素混凝土直径大于等于 900 mm 的圆形井，采用 C25 钢筋混凝土；矩形井，采用 C25 钢筋混凝土。

为使水流通过检查井时阻力较小，井底宜设半圆形或弧形流槽（如图 2-46），流槽直壁向上伸展。流槽两侧至检查井井壁间的底板（称为沟肩）应有一定宽度，一般不小于 200 mm，以便养护人员下井时立足，并应有 2%～5% 的坡度坡向流槽，以防检查井积水时沉积淤泥。

2. 井身

井身的构造与是否需要工人下井有密切关系。不需要下人的浅井，构造很简单，一般为直壁圆筒形；需要下人的井在构造上可分为工作室、减缩部和井筒三部分，如图 2-45 所示。井室是养护人员养护时下井进行临时操作的地方，不应过分狭小，其直径不能小于 1 m，其高度在埋深许可时宜为 1.8 m。

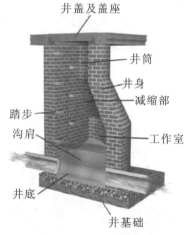

井盖及盖座
井筒
井身
减缩部
踏步
沟肩
工作室
井底
井基础

图 2-45　检查井组成

图 2-46   检查井流槽

为降低检查井造价，缩小井盖尺寸，井筒直径一般比井室小，但为了工人检修出入安全与方便，其直径不应小于 0.7 m。

3. 井盖

井盖可采用铸铁、钢筋混凝土、新型复合材料或其他材料（如图 2-47 所示），为防止雨水流入，盖顶应略高出地面。盖座采用与井盖相同的材料。井盖和盖座均为厂家预制，施工前购买即可。检查井应安装防坠网，防坠网应牢固可靠，具有一定的承重能力（大于等于 100 kg），并具备较大的过水能力，如图 2-48 所示。

（a）铸铁井盖   （b）钢筋混凝土井盖   （c）复合材料井盖

图 2-47   井盖

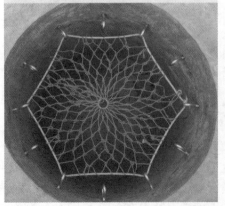

图 2-48   防坠网

(三)检查井施工

1.混凝土模块式检查井施工

(1)混凝土模块入场应符合设计规范要求,典型模块尺寸及代码表如图 2-49 所示;井室井墙模块需对孔、错缝砌筑,砌体施工质量控制等级为 B 级。

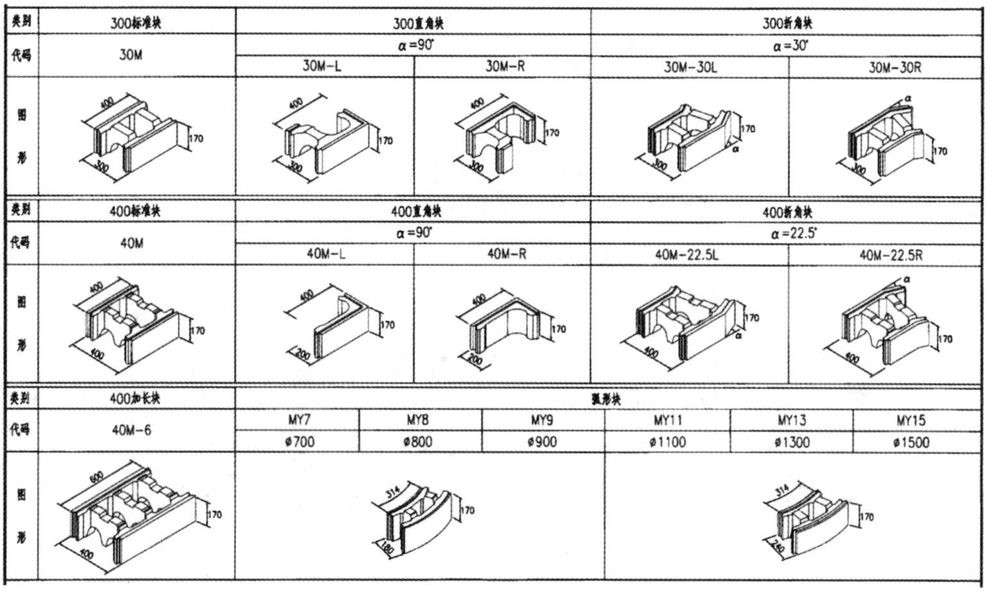

类别	300标准块	300直角块		300斜角块	
		α=90°		α=30°	
代码	30M	30M-L	30M-R	30M-30L	30M-30R
图形					

类别	400标准块	400直角块		400斜角块	
		α=90°		α=22.5°	
代码	40M	40M-L	40M-R	40M-22.5L	40M-22.5R
图形					

类别	400加长块	弧形块				
代码	40M-6	MY7	MY8	MY9	MY11	MY13	MY15
		φ700	φ800	φ900	φ1100	φ1300	φ1500
图形							

图 2-49　典型模块尺寸及代码表

(2)在气候炎热干燥的季节,应在模块砌筑前 1~2 h 将模块喷水湿润。

(3)模块砌筑采用砂浆砌筑。砂浆砌筑应分层进行,宜使用专用工具均匀铺浆,防止孔内落入砂浆。模块砌体灰缝应平直,采用 M10 水泥(防水)砂浆勾缝。

(4)砌筑过程中应注意上下层对孔、错缝,严禁在模块砌体上留设脚手架孔。

(5)砌块应垂直砌筑,需收口砌筑时,应按设计要求的位置设置钢筋混凝土梁进行收口;圆井采用砌块逐层砌筑收口,四面收口时每层收进不应大于 30 mm,偏心收口时每层收进不应大于 50 mm。

(6)进出检查井的圆管若为承插口管,承口不应直接与检查井相接,需选用接井专用短管节或切除承口;井室上、下游与井室连接的第一节管段采用 180°混凝土基础,如图 2-50 所示。

(7)管道穿过井壁的施工应符合设计要求,设计无要求时应符合下列规定:

① 混凝土类管道、金属类无压力管道,其管道外壁与砌筑井壁洞圈之间为刚性连接时水泥砂浆应坐浆饱满、密实;

② 金属类压力管道,井壁洞圈应预设套管,管道外壁与套管的间隙应四周均匀一致,其间隙宜采用柔性或半柔性材料填嵌密实;

③ 化学建材管道宜采用中介层法与井壁洞圈连接。

(8)井墙砌体底层模块的灌孔混凝土需与底板混凝土同步浇筑,底层模块灌孔混凝土强度等级与基础底板混凝土强度等级相同,墙底钢筋支架起定位作用,如图 2-51 所示。

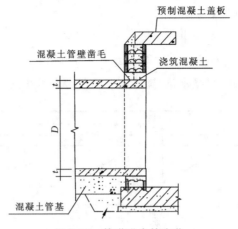

图 2-50　管道进出检查井

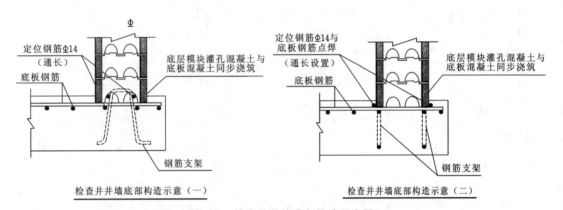

图 2-51　检查井井墙底部构造示意图

（9）当模块墙体砌筑砂浆的抗压强度大于 1.0 MPa 时，方可进行灌孔混凝土的浇筑。

（10）灌孔混凝土连续灌注的控制高度：当模块宽度小于等于 300 mm 时，不宜超过 15 层；当模块宽度大于等于 400 mm 时，不宜超过 20 层，且混凝土一次投料高度不大于 400 mm，并用振捣棒隔孔插捣，确保灌孔混凝土密实。

（11）砌筑时应同时安装预留支管，管与井壁衔接处应严密，预留支管管口宜采用砂浆砌筑封口抹平。

（12）砌筑时应同时安装踏步（如图 2-52），踏步位置应满足设计及规范要求，踏步安装后在砌筑砂浆未达到规定抗压强度前不得踩踏。

（13）流槽施工应满足设计及相关图集的要求。流槽宜与井壁同时砌筑，砌筑流槽应平顺、圆滑、光洁。污水井流槽高度应与下游管内顶齐平；雨水井流槽高度应与上游管的管中心齐平。

（14）回填要求：

① 基坑回填必须在检查井中流槽施工完毕、达到设计强度且盖板安装后实施。

② 基坑四周应同时回填，其高度差不得大于 300 mm，回填时不得使用重型机械。回填土的压实系数不应低于 0.94，冻深范围内基坑应使用非冻胀材料回填。

③ 当检查井位于路基、广场范围内，路基要求的压实系数大于 0.94 时，按路基要

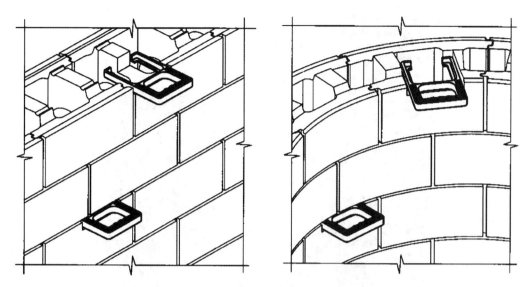

图 2-52　检查井踏步安装

求的压实系数执行；位于绿地或农田范围的检查井，基坑回填土的压实系数可适当降低，但不应低于 0.85。

④ 检查井盖板顶以上 0.5 m 范围内的覆土回填时，不得使用重型及振动压实机械碾压。

⑤ 路面范围内，检查井及井筒周围不易压实的部位，应采用石灰土、砂、砂砾等材料回填，其回填宽度不宜小于 400 mm。

⑥ 检查井井盖顶面应与周围场地地坪、路面齐平，位于绿地内的检查井井盖顶面应高于绿地地坪 0.1～0.2 m。

⑦ 预制盖板在安装时应按照盖板布置图所示位置安装，不得随意改变布板方式；盖板在堆放及运输时亦应注意构件的受力方向，不得倒置。

⑧ 检查井井盖应采用符合相关产品标准的井盖，道路应使用与之荷载等级相匹配的井盖。

2. 预制装配式检查井施工

图 2-53 所示是预制装配式检查井的示意图。

（1）基础。

① 检查井必须安装在符合设计要求的地基土层上，或是在开挖井坑后经处理密实的地基上，地基承载力应符合设计要求，设计未做要求的，地基承载力不小于 100 kPa。

② 若支、干管基础落于井室肥槽中时，肥槽须进行处理。做法如下：用混凝土、级配砂石或其他无毛细吸水性能的土料填实，并控制压实密度，压实系数不应低于 97%。

③ 检查井底板下铺 100 mm 厚碎石层。

（2）吊装。

① 构件吊环所用钢筋采用 HPB235 级，严禁使用冷加工钢筋。吊环埋入混凝土的深度不应小于 $30d$（d 为吊环钢筋直径），并应焊接或绑扎在钢筋骨架上，严禁在预留孔位置上方安装起吊环，如图 2-54 所示。

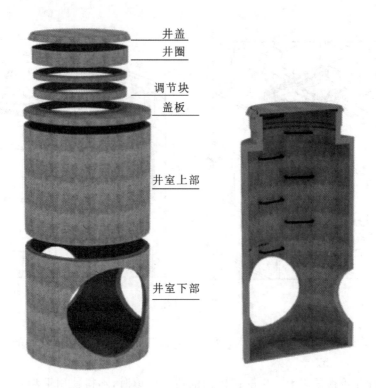

图 2-53 预制装配式检查井

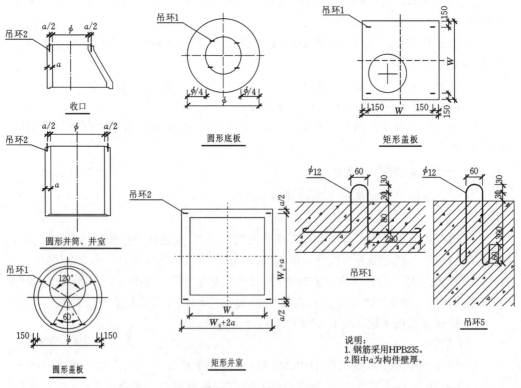

图 2-54 起吊环安装

JGJ 276—2012

② 吊装构件时要求施工现场有足够的吊装作业空间,选用合适的吊车及起重设备,吊装作业应按照国家现行标准《建筑施工起重吊装工程安全技术规范》JGJ 276 相关要求执行。

(3) 拼装。

① 安装时各构件接头处要清理干净,保证井室安装平顺,并注意检测垂直度。

② 井室预留口轴线与管道轴线相符合,井座安装注意平整,高程控制符合要求。

③ 检查井拼装处采用 1:2 防水砂浆坐浆处理。

④ 构件安装允许偏差应该符合要求。

(4) 管道连接。

① 管道接入检查井一般采用管顶平接,管道接口接触面应"凿毛"处理。

② 检查井与钢筋混凝土管、混凝土管及铸铁管连接时采用 1:2 水泥砂浆或采用聚氨酯掺和水泥砂浆,掺和量为代替 20%～50% 的水量,接缝厚度为 10～15 mm。装配后的接缝砂浆凝结硬化期间应加强养护,并不得受外力碰撞或震动。设有橡胶密封圈时,胶圈应安装稳固,止水严密可靠。底板与井室、井室与盖板之间的拼缝,应用水泥砂浆填塞严密,抹角应光滑平整(如图 2-55)。

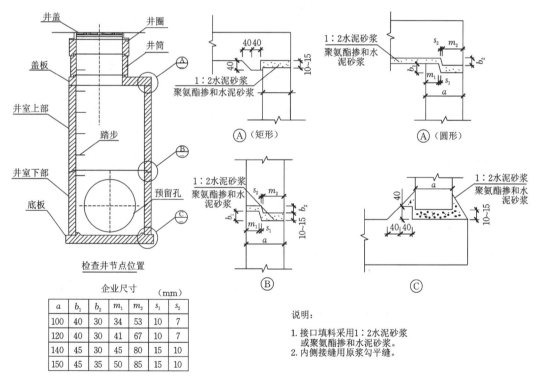

企业尺寸						(mm)
a	b_1	b_2	m_1	m_2	s_1	s_2
100	40	30	34	53	10	7
120	40	30	41	67	10	7
140	45	30	45	80	15	10
150	45	35	50	85	15	10

说明:
1. 接口填料采用 1:2 水泥砂浆或聚氨酯掺和水泥砂浆。
2. 内侧接缝用原浆勾平缝。

图 2-55　构件连接节点图

③ 当采用塑料管、玻璃钢夹砂管等其他管材时,应采用"中介层法"处理,具体为管道和检查井开孔连接面涂聚氯乙烯黏结剂一层,再撒干燥粗砂一层,然后按照检查井与混凝土管连接的要求进行施工处理。

(5) 回填和井盖安装。

① 检查井安装完成后,待砂浆强度达到 70%,方可进行检查井井周回填。

② 填土时，在井室或井筒周围同时回填，回填土密实度根据路面要求而定，但不应低于 95％。冻土深度范围内，应回填 300 mm 宽的非冻胀土。

二、雨水口

雨水口是在雨水管渠或合流管渠上设置的收集地表径流的雨水的构筑物。地表径流的雨水通过雨水口连接管进入雨水管渠或合流管渠，使道路上的积水不至漫过路缘石，从而保证城市道路在雨天时正常使用，因此雨水口俗称收水井。

雨水口一般设在道路交叉口、路侧边沟的一定距离处以及设有路缘石的低洼地方（如图 2-56），在直线道路上的间距一般为 25～50 m，在低洼和易积水的地段，要适当缩小雨水口的间距。当道路纵坡大于 0.02 时，雨水口的间距可大于 50 m，其形式、数量和布置应根据具体情况和计算确定。

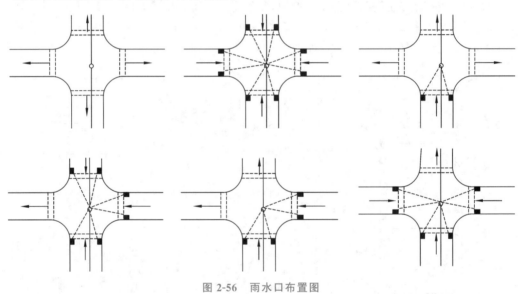

图 2-56　雨水口布置图

（一）雨水口类型

雨水口构造包括进水箅、井筒和连接管三部分。雨水口的进水箅一般用铸铁制成，按一个雨水口设置的井箅数量多少，可分为单箅式、双箅式、多箅式。按进水箅在街道上的设置位置可分为平箅式雨水口、立箅式雨水口和联合式雨水口，如图 2-57所示。

（二）雨水口施工（砖砌式雨水口）

1.基础施工

（1）开挖雨水口槽及雨水管支管槽，每侧宜留出 300～500 mm 的施工宽度。

（2）雨水口基础应落于较均匀的原状土层或夯实填土层，且满足所处道路、场地设计要求，槽底应夯实并及时浇筑混凝土基础。

（3）采用预制雨水口时，基础顶面宜铺设 20～30 mm 厚的砂垫层。

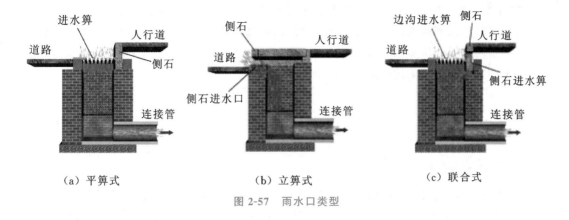

（a）平算式　　　　　　　（b）立算式　　　　　　　（c）联合式

图 2-57　雨水口类型

2. 砌筑

（1）雨水口施工宜在基层施工之后进行,雨水口管在雨水口侧墙外 300 mm 范围采用满包加固(如图 2-58 所示),且在包封混凝土达到 75％设计强度之前,不得放行交通。

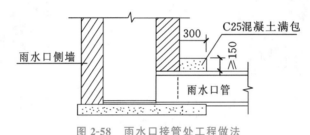

图 2-58　雨水口接管处工程做法

（2）雨水口深度不宜大于 1 m,底部应用水泥砂浆抹出坡向雨水管口的泛水坡。

（3）管端面在雨水口内的露出长度,不得大于 20 mm,管端面应完整无破损。

（4）管道穿井壁处,应严密不漏水。

（5）砌筑应随砌随勾缝,勾缝宽度应均匀一致,不得带有灰刺灰丁、间断漏缝现象,灰浆应饱满,抹面压实。

（6）砌砖雨水口四面井壁应相互垂直,不得偏斜扭曲;

（7）砌筑完成后雨水口内应保持清洁,及时加盖,保证安全。

3. 井圈、井框、井算

（1）雨水口井圈表面高程应比该处道路路面低 30 mm,立算式雨水口立算下沿高程应比该处道路路面低 50 mm,路面及平石顺坡坡向雨水口。

（2）井框、井算应完整无损,安装平稳牢固。

（3）雨水口预制过梁安装时要求位置准确,顶面高程符合设计要求,安装应牢固、平稳。

4. 回填

（1）雨水口周边回填应密实,雨水口砌砖与周边预留间隙小于 300 mm,可采用低标号混凝土浇筑密实。

（2）用开槽施工的雨水口肥槽回填,要求四周同时进行,高差不大于 0.3 m。回填土的压实系数,当设计文件未明确具体要求时应不低于 0.94。位于路侧、广场范围内的雨水口,当路基要求的压实系数大于 0.94 时,按路基要求执行;位于绿地内的雨水口,沟槽回填土的压实系数可适当降低,但不应低于 0.85。当有冻胀影响时,雨水口基底、肥槽回填土要求采用矿渣等非冻结材料。

三、其他排水构筑物

（一）溢流井

在截留式合流制排水系统中,溢流井起截流(晴天)和溢流(雨天)的作用。溢流井一般设置在合流管道与截流干管的交接处。按构造形式,溢流井有截流槽式和溢流堰式两种,如图 2-59 所示。

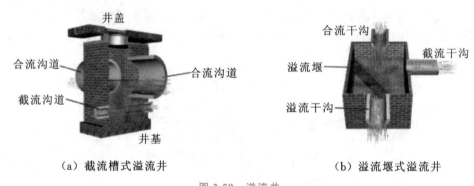

（a）截流槽式溢流井　　　　　　（b）溢流堰式溢流井

图 2-59　溢流井

（二）跌水井

当上下游管段出现较大的落差(大于 2 m)时,跌水井可克服水流跌落时产生的巨大冲击力,起消能作用。跌水井一般设置在直线管段及上下游管段出现较大落差(大于 2 m)的位置。按构造形式,跌水井可分为竖管式和阶梯式两种,如图 2-60 所示。

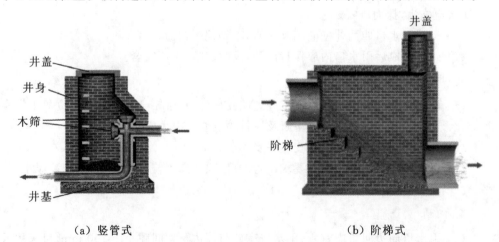

（a）竖管式　　　　　　　　　（b）阶梯式

图 2-60　溢流井

（三）水封井

水封井(图 2-61)的作用是阻隔易燃气体的流通和水面游火,可设置在连接车间内、外管段的检查井处,以及排放含易燃的挥发性物质的管道的适当地点。

（四）跳跃井

跳跃井(图 2-62)在大雨时起排放雨水的作用,一般用于半分流制排水系统,设在截流管道与雨水管道的交接处。

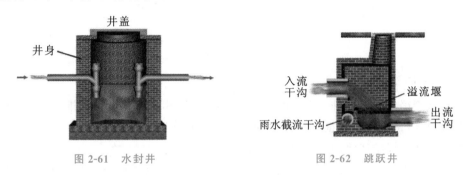

图 2-61　水封井　　　　　　图 2-62　跳跃井

（五）冲洗井

冲洗井(图 2-63)的作用是防止管道淤积,有人工冲洗井和自动冲洗井两种类型。冲洗井适用于管径小于 400 mm 的较小管道,冲洗管道长度一般为 250 mm。

（六）防潮井

防潮井(图 2-64)的作用是防止潮水或河水倒灌进排水管道,一般设置在排水管道出水口上游的适当位置。

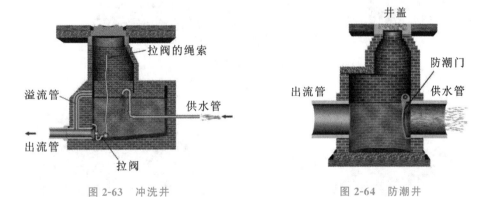

图 2-63　冲洗井　　　　　　图 2-64　防潮井

（七）倒虹管

排水管道遇到河流、洼地或地下构筑物等障碍物时,不能按原有的坡度埋设,而是按下凹的折线方式从障碍物下通过,这种管道称为倒虹管。它由进水井、下行管、平行管、上行管和出水井组成,如图 2-65 所示。

雨污水在倒虹管内的流动是依靠上、下游管道中的水位差(进、出水井的水位高差）进行的,该高差用来克服雨污水流经倒虹管的阻力损失,要求进、出水井的水位高差稍大于全部阻力损失值,其差值一般取 0.05～0.10 m。

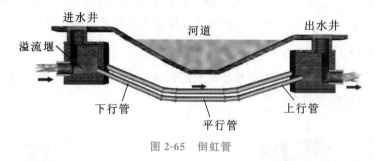

图 2-65　倒虹管

（八）出水口

排水管渠出水口是排水系统的终点构筑物,污水由出水口向水体排放。出水口的位置和出水口的形式,根据污水水质、水体流量、水位变化幅度、水流方向、波浪状况、地形变迁和气候特征等因素确定。

常见出水口形式有淹没式出水口和非淹没式出水口,为使污水与河水较好混合,同时为避免污水沿滩流泻造成环境污染,污水出水口一般采用淹没式,即出水管的管底标高低于水体的常水位。雨水出水口主要采用非淹没式,即出水管的管底标高高于水体最高水位或高于常水位。

常见的出水口有江心分散式、一字式和八字式,如图 2-66 所示。出水口与水体岸边连接处采取防冲加固措施,以砂浆砌块石做护墙和铺底,在冻胀地区,出水口应考虑用耐冻胀材料砌筑,出水口的基础必须设在冰冻线以下。

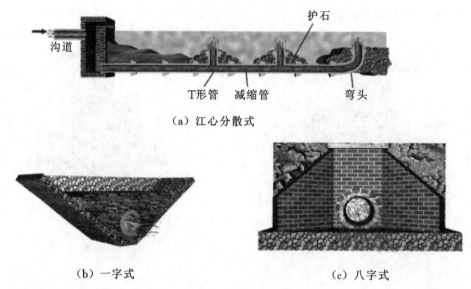

（a）江心分散式

（b）一字式　　　　　　　　　　（c）八字式

图 2-66　出水口

任务5 排水管道功能性试验

污水、雨污水合流及湿陷土、膨胀土、流砂地区的雨水管道,必须经严密性试验合格后方可投入运行。

无压管道的严密性试验分为闭水试验和闭气试验,应按设计要求确定;设计无要求时,应根据实际情况选择闭水试验或闭气试验。

排水管道
严密性试验
微课

一、管道闭水试验

试验管段应按井距分隔,带井试验,若条件允许可一次试验不超过 5 个连续井段。当管道内径大于 700 mm 时,可按管道井段数量抽样选取 1/3 进行试验;试验不合格时,抽样井段数量应在原抽样基础上加倍进行试验。

(一)试验管段应具备的条件

(1)管道及检查井的外观检查、断面检查已验收合格。

(2)管道未回填土且沟槽内无积水。

(3)全部预留孔洞应封堵坚固,不得渗水。

(4)管道两端堵板承载能力经核算应大于水压力的合力;除预留进出水管外,其余管道应封堵坚固,不得渗水。

(5)应做好水源引接、排水疏导等方案。

(二)管道闭水试验操作步骤

管道闭水试验装置如图 2-67 所示。

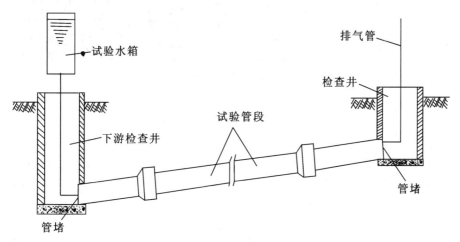

图 2-67 管道闭水试验装置

1. 充水浸泡

墙堵经 3～4 天的养护后，即可向管内充水，充水高度的规定如下：试验段上游设计水头不超过管顶内壁时，试验水头为试验段上游管顶内壁加 2 m；试验段上游设计水头超过管顶内壁时，试验水头为试验段上游设计水头加 2 m；若计算出的试验水头小于 10 m，但已超过上游检查井井口时，则试验水头以上游检查井井口高度为准，如图 2-68 所示。试验管段灌满水浸泡 24 h 后（硬聚氯乙烯管浸泡 12 h 以上），即可进行闭水试验。

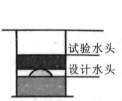

（a）设计水头不超过管顶内壁

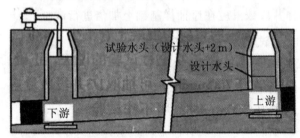

（b）设计水头超过管顶内壁

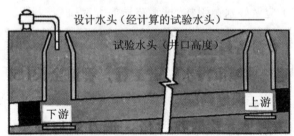

（c）计算试验水头超过井口高度

图 2-68　管道闭水试验水头图解

2. 渗水量测定

试验管段灌满水浸泡后，当试验水头达到规定值后开始计时，观测管道的渗水量，直至观测结束都应不断向试验管段内补水，保持试验水头恒定。渗水量的观测时间不得少于 30 min。实测渗水量的计算公式为

$$q = \frac{W}{T \cdot L} \tag{2-2}$$

式中：q——实测渗水量，L/(min·m)；

W——补水量，L；

T——渗水量观测时间，min；

L——试验管段长度（m）。

当 q 小于或等于允许渗水量时，即认为合格。排水管道闭水试验允许渗水量见表 2-3 和表 2-4。

表 2-3　无压管道严密性试验允许渗水量

管材	管道内径 /mm	允许渗水量 /[m³·(24 h·km)⁻¹]	管材	管道内径 /mm	允许渗水量 /[m³·(24 h·km)⁻¹]
混凝土、钢筋混凝土管、陶土管及管渠	200	17.60	混凝土、钢筋混凝土管及管渠	1200	43.30
	300	21.62		1300	45.00
	400	25.00		1400	46.70
	500	27.95		1500	48.40
	600	30.60		1600	50.00
	700	33.00		1700	51.50
	800	35.35		1800	53.00
	900	37.50		1900	54.48
	1000	39.52		2000	55.90
	1100	41.45			

表 2-4　硬聚氯乙烯排水管道允许渗水量

公称外径 /mm	双壁波纹管		直壁管	
	内径 D_0/mm	允许渗水量 /[m³·(24 h·km)⁻¹]	内径 D_0/mm	允许渗水量 /[m³·(24 h·km)⁻¹]
110	97	0.45	103.6	0.48
125	107	0.49	117.6	0.54
160	135	0.62	150.6	0.69
200	172	0.79	188.2	0.87
250	216	0.99	235.4	1.08
315	270	1.24	296.6	1.36
400	340	1.56	376.6	1.73
450	383	1.76	—	—
500	432	1.99	470.8	2.17
630	540	2.48	593.2	2.73

二、管道闭气试验

（一）适用条件

（1）闭气试验适用于混凝土类的无压管道在回填土前进行的严密性试验。

（2）闭气试验时，地下水位应低于管外底 150 mm，环境温度为 $-15\sim50$ ℃。

（3）下雨时不得进行闭气试验。

（二）试验过程与合格标准

（1）将进行闭气试验的管道两端用管堵密封，然后向管道内填充空气至一定的压力，在规定闭气时间内测定管道内气体的压降值。排水管道闭气试验装置如图 2-69 所示。

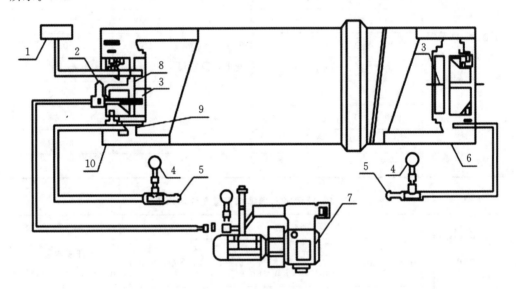

图 2-69　排水管道闭气试验装置图

1—膜盒压力表；2—气阀；3—管堵塑料封板；4—压力表；5—充气嘴；6—混凝土排水管道；
7—空气压缩机；8—温度传感器；9—密封胶圈；10—管堵支撑脚

（2）对闭气试验的管道两端管口和与管堵接触部分的内壁，应进行处理，使其洁净磨光。

（3）调整管堵支撑脚，分别将管堵安装在管道内部两端，每端接上压力表和充气嘴，如图 2-69 所示。

（4）用打气筒向管堵密封胶圈充气加压，观察压力表显示至 0.05～0.20 MPa，且不宜超过 0.20 MPa，将管道密封；锁紧管堵支撑脚，将其固定。

（5）用空气压缩机向管道内充气，膜盒表显示管道内气体压力至 3000 Pa，关闭气阀，使气体趋于稳定，记录膜盒表读数从 3000 Pa 降至 2000 Pa 历时不应少于 5 min；气压下降较快，可适当补气；下降太慢，可适当放气。

（6）管道内气体压力达到 2000 Pa 时开始计时，满足该管径的标准闭气时间规定（见表 2-5）时，计时结束，记录此时管内实测气体压力 P，如 $P\geqslant1500$ Pa 则管道闭气试验合格,反之为不合格。

表 2-5　钢筋混凝土无压管道闭气检验规定标准闭气时间

管道 DN/mm	管内气体压力/Pa		规定标准闭气时间 t
	起点压力	终点压力	
300	—	—	1 分 45 秒
400			2 分 30 秒
500			3 分 15 秒
600			4 分 45 秒
700			6 分 15 秒
800			7 分 15 秒
900			8 分 30 秒
1000			10 分 30 秒
1100			12 分 15 秒
1200			15 分
1300	2000	≥1500	16 分 45 秒
1400			19 分
1500			20 分 45 秒
1600			22 分 30 秒
1700			24 分
1800			25 分 45 秒
1900			28 分
2000			30 分
2100			32 分 30 秒
2200			35 分

(7) 被检测管道内径大于或等于 1600 mm 时,应记录测试时管内气体温度的起始值(T_1)及终止值(T_2),按照公式(2-3)计算出管内气压降的修正值 ΔP;$\Delta P < 500$ Pa 时,闭气试验合格。

$$\Delta P = 103300 - (P + 101300)(273 + T_1)/(273 + T_2) \tag{2-3}$$

(8) 管道闭气检验完毕,必须先排除管道内气体,再排除管堵密封圈内气体,最后卸下管堵。

(9) 管道内气体趋于稳定过程中,用喷雾器喷洒发泡液检查管道漏气情况。

检查方法:检查管堵对管口的密封情况,不得出现气泡;检查管口及管壁漏气情况,发现漏气应及时用密封修补材料封堵或作相应处理;漏气部位较多时,管内压力下降较快,要及时进行补气,以便作详细检查。

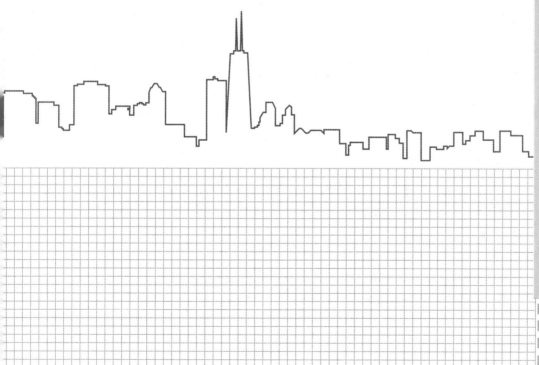

工作手册 3

市政热力管道开槽施工

本工程为××公司供热工程的室外蒸汽管道项目,设计管道(*DN*150)从劲松路南侧创业街上的已有蒸汽管道(*DN*350)固定支架处接出,沿甲方指定路由架空、直埋方式敷设至厂区计量间。

学习目标

知识目标

(1)掌握市政热力管道施工图的识读方法。

(2)掌握市政热力管道开槽的施工工艺。

(3)掌握市政热力管道功能试验方法。

能力目标

(1)能正确识读施工图纸,参与图纸会审。

(2)能按照施工规范参与市政热力管道开槽施工方案审查。

(3)能根据市政工程质量验收方法及验收规范进行市政热力管道质量检查、验收和评定。

素质目标

(1)具有坚持安全生产、文明施工的意识。

(2)具有良好的团队合作精神和协调能力。

(3)具有终身学习理念,不断学习新知识、新技能。

学习导读

本手册从识读热力管道施工图纸开始,介绍了一套完整的热力管道施工图的组成和识读方法;在熟悉施工图纸的基础上,按照热力管道开槽施工工艺流程进行施工过程讲解;最后进行管道施工质量检查与验收。整个手册由浅入深地介绍热力管道施工技术,直接体验管道施工的真实过程。

施工过程:识读施工图纸→施工放线→施工降排水→沟槽开挖与支护→管道安装→管道功能性试验→沟槽回填。

施工降排水、沟槽开挖、沟槽支撑和沟槽回填部分与市政给水管道开槽施工相同,此处不再赘述。市政热力管材主要采用钢管,给水钢管施工也可参照本手册部分内容。

任务 1 市政热力管道施工图识读

一、供热系统的组成及分类

集中供热系统的供热管网是由将热媒从热源输送及分配到各热力用户的管线系统组成的。在大型供热管网中有时为了保证管网压力工况、集中调节和检测热媒参数,还设置了中继泵站或控制分配热力站。

供热管线的构造包括供热管道及其附件、保温结构、补偿器、管道支座,地上敷设的管道支架、操作平台,以及地下敷设的地沟、检查室等构筑物。

供热系统可按以下方式进行分类。

(1) 按照热媒不同分为蒸汽供热系统和热水供热系统。蒸汽热力管网可分为高压、中压和低压蒸汽热力管网;热水热力管网可分为高温热水热力管网(>100 ℃)和低温热水热力管网($\leqslant100$ ℃)。

(2) 按照热源不同分为热电厂供热系统和区域锅炉房供热系统。此外也有以核供热站、地热、工业余热作为热源的供热系统。

(3) 按照管网所处的地位不同,分为一级管网和二级管网。一级管网是指从热源至热力站的供回水管网;二级管网是指从热力站至用户的供回水管网。

(4) 按照系统形式不同分为闭式系统和开式系统。闭式系统是指一次热力管网与二次热力管网采用换热器连接,一次热网热媒损失很小,但中间设备多,实际使用较为广泛。开式系统是指直接消耗一次热媒,中间设备极少,但一次补充量大。

(5) 按照供回管道不同,分为供水管和回水管、蒸汽管和凝结水管。

(6) 按照管网敷设方式不同,分为直埋敷设管、管沟敷设管和架空敷设管。

二、热力管道的结构

热力管道内为压力流,在施工时必须保证管材及其接口强度满足要求,并根据实际情况采取保温、防腐、防冻措施;在使用过程中保证管材不致因地面荷载过大而损坏,不会产生过多的热量损失。因此,热力管道的结构一般包括以下几部分。

1. 基础

热力管道通常情况下采用砂垫层基础,使用情况同给水管道。热力管道的基础的作用是防止管道不均匀沉陷造成管道破裂或接口损坏而使热媒损失。

2. 保温结构

热力管道的保温结构一般包括防锈层、保温层、保护层。

（1）防锈层：将防锈涂料直接涂刷于管道及设备的表面即构成防锈层。

（2）保温层：对管道加设保温层可减少热媒的热损失，防止管道外表面的腐蚀，避免运行和维修时烫伤操作人员。常用保温材料包括岩棉、玻璃棉、矿渣棉、珍珠岩、硅藻土、石棉粉、聚苯乙烯泡沫塑料、聚氨酯泡沫塑料等。其施工方法要依保温材料的性质而定。对石棉粉、硅藻土等散状材料宜用涂抹法施工；对预制保温瓦、板、块材料宜用绑扎法、粘贴法施工；对预制装配材料宜用装配式施工。此外还有缠包法、套筒法施工等。

热力管道保温及敷设微课

（3）保护层：设在保温层外面，主要目的是保护保温层不受机械损伤。用作保护层的材料很多，材料不同，其施工方法亦不同。

3. 覆土

热力管道埋设在地面以下，其管顶以上要有一定厚度的覆土，以确保在正常使用时管道不会因各种地面荷载作用而损坏。热力管道应埋设在土壤冰冻线以下，直埋时在车行道下的最小覆土厚度为 0.7 m；在非车行道下的最小覆土厚度为 0.5 m；地沟敷设时在车行道和非车行道下的最小覆土厚度均为 0.2 m。

4. 管顶标志带

预制直埋热力管道管顶 300 mm 处需设置标志带。

三、热力管道识图

因市政热力管道的平面图、纵断面图识读方法与市政给水管道类似，不再赘述，以下将针对热力管道特殊的装置进行识读，如图 3-1 所示。

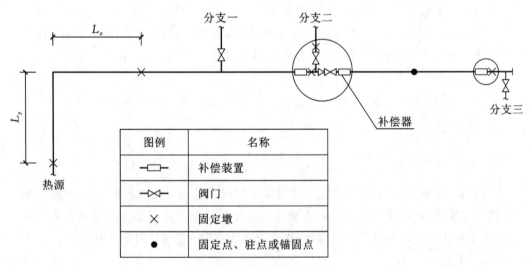

图例	名称
▭	补偿装置
▷◁	阀门
×	固定墩
●	固定点、驻点或锚固点

图 3-1　热力管道平面图简图

（一）补偿装置

补偿器的作用是补偿因供热管道升温导致的管道热伸长，从而释放温度变形，消除温度应力，避免因热伸长或温度应力的作用而引起管道变形或破坏，以确保管网运行安全。

供热管道采用的补偿器种类很多,主要有自然补偿器、方形补偿器、波纹管补偿器、套筒式补偿器、球形补偿器等。

1. 自然补偿器

自然补偿,是利用管路几何形状所具有的弹性来吸收热变形。最常见的是将管道两端以任意角度相接,多为两管道垂直相交。自然补偿的缺点是管道变形时会产生横向位移,而且补偿的管段范围有限(补偿能力小)。

自然补偿器分为 L 形(管段中有 90°弯管)和 Z 形(管段中两个相反方向的 90°弯管),如图 3-2 所示。

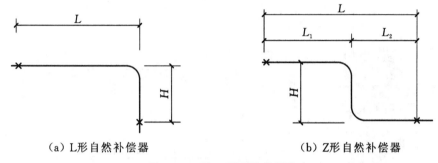

（a）L形自然补偿器　　　　　　（b）Z形自然补偿器

图 3-2　L 形、Z 形自然补偿器

2. 方形补偿器

方形补偿器由管子弯制或由弯头组焊而成,利用刚性较小的回折管挠性变形来消除热应力及补偿两端直管部分的热伸长量,如图 3-3 所示。其优点是制造方便,补偿量大,轴向推力小,维修方便,运行可靠;缺点是占地面积较大。

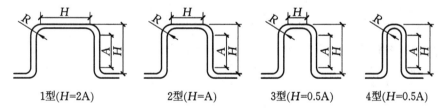

1型($H=2A$)　　　　2型($H=A$)　　　　3型($H=0.5A$)　　　　4型($H=0.5A$)

图 3-3　方形补偿器

3. 波纹管补偿器

波纹管补偿器靠波形管壁的弹性变形来吸收热胀或冷缩量,如图 3-4 所示。它的优点是结构紧凑,只发生轴向变形,与方形补偿器相比占据空间小;缺点是制造比较困难,耐压低,补偿能力小,轴向推力大。

4. 套筒式补偿器(填料式补偿器)

套筒式补偿器(图 3-5)安装方便,占地面积小,流体阻力较小,抗失稳性好,补偿能力较大;缺点是轴向推力较大,易漏水、漏气,需经常检修和更换填料,对管道横向变形要求严格。

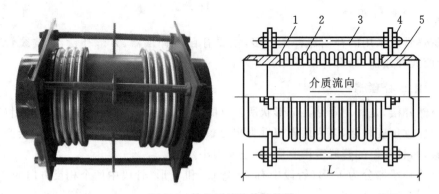

图 3-4　轴向型波纹管补偿器

1—导流管；2—波纹管；3—限位拉杆；4—限位螺母；5—端管

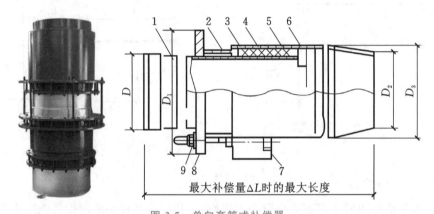

图 3-5　单向套筒式补偿器

1—套管；2—前压兰；3—壳体；4—填料圈；5—后压兰；
6—防脱肩；7—T形螺栓；8—垫圈；9—螺母

5. 球形补偿器

球形补偿器（图 3-6）是利用球体的角位移来补偿管道的热伸长而消除热应力的，适用于三向位移的热力管道。其优点是占据空间小，节省材料，不产生推力；但易漏水、漏气，要加强维修。

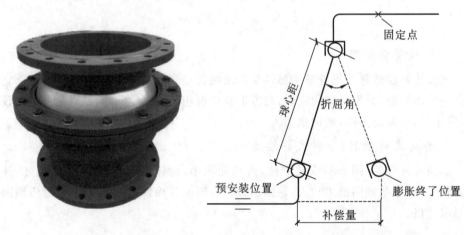

图 3-6　球形补偿器

各类补偿器的特点见表 3-1。

表 3-1　各类补偿器的特点

类型	名称	补偿能力	占地空间	轴向推力	其他	吸收热伸长原理
自然补偿器	L 形/Z 形	较小		无	现场制作,产生横向位移	补偿材料的变形
人工补偿器	方形补偿器	大	较大	小	现场制作	补偿材料的变形
	波纹管补偿器	小	小	大	制造困难,只发生轴向变形	
	套筒式补偿器(填料式补偿器)	较大	小	较大	易漏水、漏气	管道的位移(移动一个或多个球套)
	球形补偿器	—	小	无	易漏水、漏气	

(二)阀门

市政热力管道常用的阀门有闸阀、截止阀、蝶阀、止回阀、安全阀、减压阀和疏水阀。其中闸阀、截止阀、蝶阀、止回阀与给水管道相同,不再赘述。

1. 安全阀

安全阀(图 3-7)是一种安全保护性的阀门,主要用在管道和各种承压设备上,当介质工作压力超过允许压力数值时,安全阀自动打开向外排放介质,随着介质压力的降低,安全阀将重新关闭,从而防止管道和设备出现超压危险(安全阀的状态与介质压力有关)。安全阀适用于锅炉房管道以及不同压力级别管道系统中的低压侧。

2. 减压阀

减压阀(图 3-8)是通过对蒸汽进行节流来达到减压目的的,从而满足不同用户对蒸汽参数的要求。减压阀的种类有很多,但它们都不是单独设置的,往往为了不同需要与其他一些部件组装在一起。这些组件包括高压表、低压表、高压安全阀、低压安全阀、过滤器、旁通阀及减压阀检修时的控制阀门等。减压阀与管道之间采用法兰连接或螺纹连接。

图 3-7　安全阀

图 3-8　减压阀

安装减压阀时,阀体要垂直地安装在水平管道上,介质流动方向应与阀体上的箭头方向一致。两端要设置切断阀,最好采用法兰截止阀。通常减压阀前的管径应与减压阀的公称直径相同;减压阀后的管径要比减压阀的公称直径大 1~2 号。阀组前后都要安装压力表,以便调节压力。减压阀后的低压管道上要安装安全阀,当超压时,可以泄压与报警,确保压力稳定,安全阀的排气管要接至室外。另外,减压阀上要设置旁通管路。

3. 疏水阀

疏水阀是蒸汽供热系统中的附属器具，用来迅速排除凝结水，阻止蒸汽的漏失，不但能够防止管道中水击现象的产生，还可以提高系统的热效率。常用疏水阀按其作用原理可分为机械式（图 3-9）、热动力式（图 3-10）和恒温式（图 3-11）三种。疏水阀组装时要设置冲洗管、检查管、止回阀、过滤器等，并装置必要的法兰或活接头，以便后期检修。疏水阀安装分为带旁通管安装和不带旁通管安装、水平安装和垂直安装。

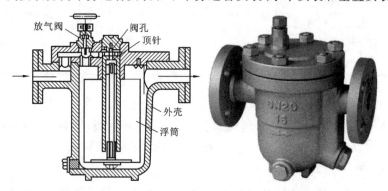

图 3-9　机械式疏水阀

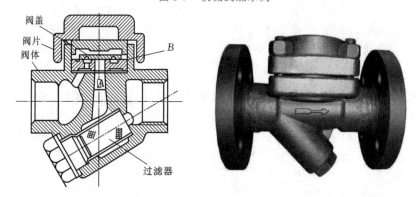

图 3-10　热动力式疏水阀

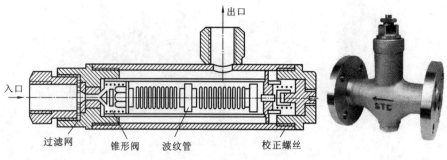

图 3-11　恒温式疏水阀

（三）固定墩

直埋敷设的供热管道由于受到热媒的加热作用而产生膨胀伸长，因而与土壤有相对滑动的趋势，导致了土壤对管道产生沿轴向的摩擦力。同时，管道的活动端也有阻挡管道伸长的活动端阻力。为限制管道的轴向位移，保证管道及附件安全工作，需在直埋供热管道上设置固定墩,将管道分成若干补偿管段,分别进行热补偿,从而保证各个补偿器能正常工作。固定墩结构图参见国家建筑标准设计图集《热水管道直埋敷设》(17R410),如图 3-12 所示。

图集 17R410

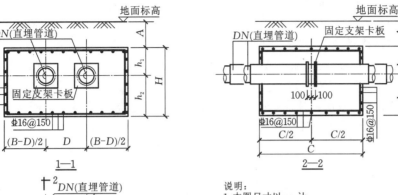

说明:
1. 本图尺寸以mm计。
2. 本图适用条件:
   (1)DN50~350管道,单管推力3~20t。
   (2)土壤类别为粉质黏土类,回填土内摩擦角为30°。
   (3)地基承载力 f_{ak}=100 kPa。
3. 选用时如不符合本图条件,应另行计算。
4. 材料:混凝土C30,钢筋Φ为HPB300,Φ为HRB400,钢筋保护层厚度为40 mm。
5. 固定墩周围回填土要夯密实,压实系数0.95~0.97。
6. 混凝土强度必须达到设计强度,且按要求回填后,方可打压、运行。
7. 图中D值参见本图集第94页。
8. 固定支架卡板尺寸参见本图集附录2.10。
9. 固定墩结构尺寸详见本图集第123页。

（a）固定墩结构图

（b）固定墩实物图

图 3-12 固定墩

（四）驻点、锚固点

管道温度升高或降低到某一定值时，直线管道上发生热位移和不发生热位移管段的自然分界点，称为锚固点。

两端为活动端的直线管段，当管道温度发生变化时，全线管道产生朝向两端或背向两端的热位移，管道上位移为零的点称为驻点。

驻点、锚固点与固定点的区别在于，固定点设置在固定墩上，不允许发生位移；而驻点和锚固点是因管道温度变化时的实际位移情况而形成的不发生位移的点。锚固点的一侧为锚固段，另一侧为过渡段；驻点的两侧均为过渡段。驻点和锚固点可能因温度、土壤摩擦力的变化等而发生移动。

任务 2　预制直埋热力管道施工

预制直埋热力管道指的是在保温管道工厂预制好保温层和防腐层的一类钢管，送到工程现场后可以直接吊装进沟槽，焊接后直接埋设在地下，不需要现场对钢管进行防腐保温处理。这样工厂化预制的钢管既可以降低预算成本，又可以缩短工程建设的周期。

预制直埋的保温管道一般可分为高密度聚乙烯外护层保温管、钢套钢直埋预制保温管和玻璃钢外护层保温管三种。

一、预制直埋管道的分类

1. 高密度聚乙烯外护层保温管

高密度聚乙烯外护层保温管由工作钢管（或钢制管件）和外护管通过保温层紧密地粘接在一起，形成三位一体式结构，保温层内可设置支架和信号线，如图 3-13 所示。

2. 钢套钢直埋预制保温管

预制直埋热力
管道施工微课

钢套钢直埋预制保温管由工作钢管、保温层、真空层、钢外护管和防腐层等组成，保温管内应有内置导向支架，如图 3-14 所示。特殊部位应按设计要求在保温管内设置内置滑动支架。

3. 玻璃钢外护层保温管

玻璃钢外护层保温管为工作钢管或钢制管件、保温层和外护层紧密结合的三位一体式结构，保温层内可设置支架和报警线，如图 3-15 所示。

二、预制直埋管道的运输与存放

（1）不得直接拖拽，不得损坏外护层、端口和端口的封闭端帽，如图 3-16 所示。

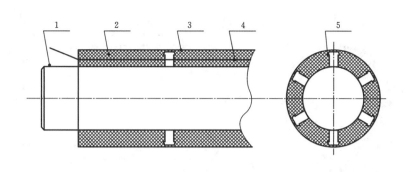

图 3-13 高密度聚乙烯外护层保温管

1—工作钢管;2—保温层;3—外护管;4—信号线;5—支架

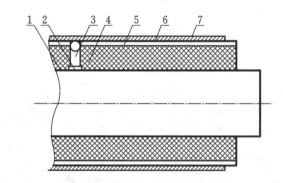
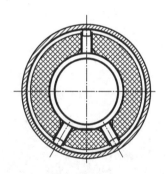

图 3-14 钢套钢直埋预制保温管

1—工作钢管;2—隔热层;3—内置导向支架;4—保温层;5—真空层;6—钢外护管;7—防腐层

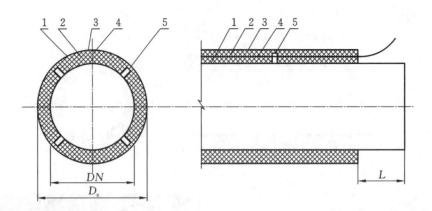

图 3-15　玻璃钢外护层保温管

1—工作钢管;2—保温层;3—外护层;4—报警线;5—支架;

DN—工作钢管公称尺寸;D_c—外护层外径;L—工作钢管焊接预留端长度

图 3-16　预制直埋管道的外护层、端口和端口的封闭端帽

（2）保温层不得进水,进水后的直埋管和管件应修复后方可使用。

（3）预制保温管进入现场后,应分类堆放,管端应用罩封好,底部用木板垫平,无硬质杂物,堆放层数不得大于 3 层,且堆放高度不得大于 2 m,管材离热源不应小于 2 m。

（4）预制直埋保温管、保温层应进行复检。保温管复检项目应包括抗剪切强度。保温层复检项目应包括厚度、密度、压缩强度、吸水率、闭孔率、导热系数,以及外护管的密度、壁厚、断裂伸长率、拉伸强度、热稳定性。

三、沟槽开挖与下管

（一）沟槽开挖

市政热力管道沟槽开挖施工要点与市政给水管道大致相同,下面就不同点进行介绍。

（1）管沟沟底宽度和工作坑尺寸应根据现场实际情况确定,设计未规定时,可按下列规定执行,如图 3-17 所示。

沟槽底宽度可按公式(3-1)确定:

$$a = 2D_c + s + c \tag{3-1}$$

式中:a——沟槽底宽度(m);

　　D_c——外护管外径(m);

　　s——两管道之间的净距(m),取 0.25～0.4;

　　c——安装工作宽度(m),取 0.1～0.2。

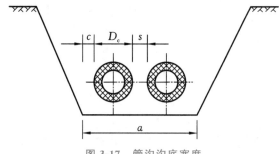

图 3-17　管沟沟底宽度

（2）管道接头处工作坑的沟槽壁或侧面支承与直埋管道的净距不宜小于 0.6 m,工作坑的沟槽底面与直埋管道的净距不应小于 0.5 m,如图 3-18 所示。

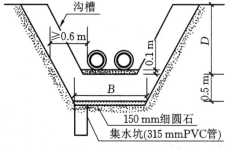

图 3-18　工作坑尺寸

（3）由于热力管道一般采用钢管,钢管属于柔性管道,因此一般采用砂垫层基础,不采用混凝土基础,如图 3-19 所示。

（二）下管

（1）施工中采用吊车下管,管道运输吊装时应保护管壳,宜用宽度大于 50 mm 的吊带吊装。严禁用铁棍撬动外套管,且不得用钢丝绳直接捆绑管壳。严禁使用钢丝绳或者挂钩吊装管道,禁止损坏管道保温层、管口及管件,吊装应找好重心,平吊、轻放,

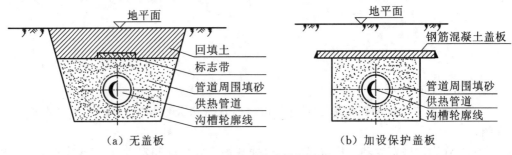

图 3-19　热力管道横断面图

不得忽快忽慢和突然制动。吊装阀门等配件不得将钢丝绳捆绑在操作轮及螺栓孔上，针对较大重量管道及配件的吊装，必须增设备用带，保证吊装安全。

（2）吊车不得在架空输电线路下作业。在架空输电线路附近作业时，其安全距离应符合电业管理部门的规定，并且不得小于最小安全距离。机械下管时应有专人指挥，指挥人员必须熟悉机械吊装的有关安全操作规程和指挥信号，吊车驾驶员必须听从信号进行操作。

（3）起吊作业区内，任何人不得在吊车及被吊起的重物下面通过或站立，需要人员辅助时，必须用牵引绳，管道距作业面 1 m 以内，人员方可接近。

四、热力管道焊接

热力管道焊接步骤如下：

管道对口→管道对口质量检查→管道对口焊接→焊接外观质量检验→焊接无损检测→接头强度试验→接头除锈→接头防腐→接头保温。

（一）管道对口

1. 对口方法

热力管道应采用对口器对口，如图 3-20 所示。当管道存在间隙偏大、错口、不同心等缺陷时，不得强力对口，也不得用加热延伸管道长度或加焊金属填充物等方法去对接管口。

图 3-20　管道对口

2. 位置要求

管道对口处应垫置牢固,用砂局部回填,在焊接过程中不得产生错位及变形,先点焊,拆除对口器再封底焊,焊口及保温接口不得置于建(构)筑物等的墙壁中,并且接口与墙壁的距离应满足施工需求且不得小于 50 cm,如图 3-21 所示。

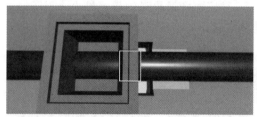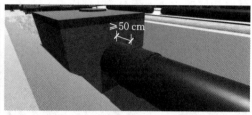

图 3-21 管道对口位置

(二)管道对口质量检查

1. 坡口质量检查

焊接坡口应按设计规定进行加工,当设计无规定时,坡口形式和尺寸应符合现行国家标准《现场设备、工业管道焊接工程施工规范》(GB 50236—2011)和表 3-2 的规定。

国标 GB 50236 —2011

表 3-2 坡口形式与尺寸

序号	厚度 T/mm	坡口名称	坡口形式	坡口尺寸 间隙 c/mm	备注
1	≤14	平焊法兰与管子接头		—	$E=T$ (E 表示焊口宽度)
2	≤14	承插焊法兰与管子接头		1.5	—
3	≤14	承插焊管件与管子接头		1.5	—

2. 对口间隙和错边量检查

使用对口器进行管道对口后,应检查管道平直度。对接管口时,应在距接口两端各 200 mm 处检查管道平直度,允许偏差为 0～1 mm,在所对接管道的全长范围内,最大偏差值不应超过 10 mm,如图 3-22 所示。同时管道间隙应满足尺寸要求,外径和壁厚相同的管子或管件对口,应做到外壁平齐,对口允许错边量的规定见表 3-3。

图 3-22　管道对口间隙和错边量

表 3-3　对口错边量的规定

壁厚/mm	2.5～5	6～10	12～14	≥15
对口允许错边量/mm	0.5	1.0	1.5	2.0

外壁和壁厚不相同的钢管或管件对口时,内壁错边量不应超过母材厚度的 10%,且不应大于 2 mm。

3. 焊缝位置要求

焊缝位置应符合以下规定:

(1)钢管、容器上焊缝的位置应合理选择,焊缝应处于便于焊接、查验、维修的位置,并应避开应力集中的区域。

(2)管道任何位置不得有十字形焊缝。

(3)管道在支架处不得有环形焊缝。

(4)当有缝管道对口及容器、钢板卷管相邻筒节组对时,纵向焊缝之间彼此错开的距离不应小于 100 mm。

(5)容器、钢板卷管同一筒节上两相邻纵缝之间的距离不应小于 300 mm。

(6)管道两相邻环形焊缝中心之间的距离应大于钢管外径,且不得小于 150 mm,如图 3-23 所示。

图 3-23　管道两相邻环形焊缝中心之间的距离

（7）在有缝钢管上焊接分支管时,分支管外壁与其他焊缝中心的距离应大于分支管外径,且不得小于 70 mm。

（三）管道对口焊接

1.焊前准备

（1）管子及管件对口前,应检查坡口的外形尺寸和坡口质量。坡口表面应整齐、光洁,不得有裂纹、锈皮、熔渣和其他影响焊接质量的杂物,不合格的管口应进行修整。

（2）焊条必须有产品合格证和质量证明书;焊条在使用前应进行烘干,经过烘干的焊条放在保温桶内,随用随拿;焊条烘干应设专人负责,并做好详细烘干记录和发放记录;施工现场当天未用完的焊条应回收存放,重新烘干后使用,重新烘干的次数不得超过三次。

（3）所有管道焊接人员必须持证上岗,选派焊接技术过硬的焊接人员,加强焊接技术力量。

2.焊接施工

（1）焊件组对的定位焊应符合以下规定：

① 在焊接前应对定位焊缝进行检查,当发现缺陷时应在处置后焊接;

② 应采纳与根部焊道相同的焊接材料和焊接工艺;

③ 在螺旋管、直缝管焊接的纵向焊缝处不得进行点焊;

④ 定位焊应均匀散布,点焊长度及点焊数应符合表 3-4 的规定。

气焊应先按焊口周长等距离点焊,点焊部位应焊透,厚度不大于壁厚的 2/3,每道焊缝应一次焊完。

表 3-4　点焊长度及点焊数

管径/mm	点焊长度/mm	点数
50～100	5～10	2～3
200～300	10～20	4
350～500	15～30	5
600～700	40～60	6
800～1000	50～70	7
＞1000	80～100	点间距宜为 300 mm

（2）当采用电焊焊接有坡口的管道及管路附件时,焊接层数不得少于 2 层,第一层焊缝根部必须均匀焊透,不得烧穿,各层接头应错开,每层焊缝的厚度应为焊条直径的 0.8～1.2 倍。不得在焊件的非焊接表面引弧。每层焊接完成后应清除熔渣、飞溅物等杂物,并应进行外观检查。发现缺点时应铲除重焊。

（3）在焊缝周围明显处应有焊工代号标识。

（四）焊缝外观质量检验

焊缝应 100% 进行外观质量检验。

（1）焊缝表面应清理干净，焊缝应完整并圆滑过渡，不得有裂纹、气孔、夹渣及熔合性飞溅物等缺点。

（2）焊缝高度不该小于母材表面，并应与母材圆滑过渡。

（3）增加高度不得大于被焊件壁厚的 30%，且应小于或等于 5 mm。焊缝宽度应焊出坡口边缘 1.5～2.0 mm。

（4）咬边深度应小于 0.5 mm，且每道焊缝的咬边长度不得大于该焊缝总长的 10%。

（5）表面凹陷深度不得大于 0.5 mm，且每道焊缝表面凹陷长度不得大于该焊缝总长的 10%。

（6）焊缝表面检查完毕后应填写查验报告，并可按现行标准的有关规定填写。

（五）焊接无损检测

1. 一般规定

（1）管道焊缝无损检验应由具备资质的检测单位实施。

（2）焊缝无损检测方法有射线检测（图 3-24）、超声波检测（图 3-25）、磁粉检测（图 3-26）和渗透检测（图 3-27）等。热力管道焊缝无损检测宜采用射线检测；当采用超声波检测时，应采用射线检测复检，复检数量为超声波检测数量的 20%；角焊缝处的无损检测可采用磁粉检测或渗透检测。

图 3-24　射线检测

（3）无损检测数量应符合设计的要求，当设计未规定时应符合下列规定：

① 干线管道与设备、管件连接处和折点处的焊缝应进行 100% 无损探伤检测；

② 穿越铁路、高速公路的管道在铁路路基两侧各 10 m 范围内，穿越城市主要道路的不通行管沟在道路两侧各 5 m 范围内，穿越江、河或湖等的管道在岸边各 10 m 范围内的焊缝应进行 100% 无损探伤检测；

③ 不具备强度试验条件的管道焊缝，应进行 100% 无损探伤检测；

④ 现场制作的各种承压设备和管件，应进行 100% 无损探伤检测；

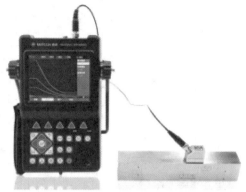

图 3-25 超声波检测

图 3-26 磁粉检测

图 3-27 渗透检测

⑤ 其他无损探伤检测数量应按表 3-5 的规定执行,且每个焊工不应少于一个焊缝。

表 3-5　无损探伤检测数量

序号	管道设计参数 热介质名称	温度 T /℃	压力 P /MPa	地上敷设 DN<500 mm 固定焊口	地上敷设 DN<500 mm 转动焊口	地上敷设 DN≥500 mm 固定焊口	地上敷设 DN≥500 mm 转动焊口	通行及半通行管沟敷设 DN<500 mm 固定焊口	通行及半通行管沟敷设 DN<500 mm 转动焊口	通行及半通行管沟敷设 DN≥500 mm 固定焊口	通行及半通行管沟敷设 DN≥500 mm 转动焊口	不通行管沟敷设（含套管敷设） DN<500 mm 固定焊口	不通行管沟敷设（含套管敷设） DN<500 mm 转动焊口	不通行管沟敷设（含套管敷设） DN≥500 mm 固定焊口	不通行管沟敷设（含套管敷设） DN≥500 mm 转动焊口	直埋敷设 主要道路	直埋敷设 一般道路	直埋敷设 其他
1	过热蒸汽	$200<T\leqslant350$	$1.6<P\leqslant2.5$	30	20	36	18	40	22	46	18	50	30	60	40	—	—	—
2	过热或饱和蒸汽	$200<T\leqslant350$	$1.0<P\leqslant1.6$	30	20	36	18	40	22	46	18	50	30	60	40	100	100	100
3	过热或饱和蒸汽	$T\leqslant200$	$P\leqslant1.0$	30	20	36	18	40	22	46	18	50	30	60	40	100	100	100
4	高温热水	$150<T\leqslant200$	$1.6<P\leqslant2.5$	30	20	36	18	40	22	46	18	50	30	60	40	100	100	100
5	高温热水	$120<T\leqslant150$	$1.0<P\leqslant1.6$	20	20	36	18	40	22	46	18	50	30	60	40	100	100	100
6	热水	$T\leqslant120$	$P\leqslant1.6$	18	12	22	16	26	20	30	16	40	28	50	40	100	100	100
7	热水	$T\leqslant100$	$P\leqslant1.0$	12				20				20				60	40	30
8	凝结水	$T\leqslant100$	$P\leqslant0.6$	10				16				20				60	40	30

2. 无损检测程序

（1）焊口焊接完成并经外观检测合格后，焊接施工单位再对焊口进行编号，编号要根据工程标段名称、供回水、焊接顺序依次编制。

（2）现场作业人员必须穿戴防护服，并佩戴个人剂量仪、射线报警器等。

（3）无损检测工作前，探伤作业人员检查施工现场，设置警灯、警绳、警旗、警示牌等警戒标志，警戒安全距离为 50 m。在人口密集区或者建筑物附近进行射线操作时，应采用铅防护屏措施，并且在安全区周围设专人进行警戒，射线曝光时所有人员必须退出警戒区域。

（4）无损检测作业结束后，操作人员用可靠的辐射仪器，核查放射源是否回到安全位置。

（5）当无损探伤抽样检出不合格焊缝时，应对不合格焊缝返修，还要按下列规定扩大检验：

① 每出现一道不合格焊缝，应再抽检两道该焊工所焊的同一批焊缝，按原探伤方法进行检验。

② 第二次抽检仍出现不合格焊缝，应对该焊工所焊全部同批的焊缝按原探伤方法进行检验。

③ 同一焊缝的返修次数不应大于 2 次。

（6）无损检测资料归档。

① 无损检测完成后，由无损检测单位出具焊缝检测报告，针对不合格焊缝，立即将不合格焊缝及位置报告给相关单位。

② 无损检测单位及时将检测结果形成文档记录，并将无损检测胶片、记录及结果整理成册。

（六）接头强度试验

接头强度试验将在任务 5 中着重讲述。

（七）接头除锈、防腐、保温

1. 除锈

热力管道防腐之前应进行表面处理。表面处理的主要方法有喷射或抛射除锈、手工或动力工具除锈、化学除锈、火焰除锈、高压水喷射除锈等。

各种表面处理方式的优缺点和适用范围见表 3-6。

表 3-6　各种表面处理方式的优缺点和适用范围

除锈方法	优点	缺点	适用范围
喷射或抛射除锈	能够达到较好的除锈质量；施工效率高；具有消除表面应力的作用；可以达到一定的表面粗糙度，增加涂层的结合力	存在一定的环境污染，施工时需注意控制	适用于各种设备、管道及大型钢结构的表面除锈

续表

除锈方法	优点	缺点	适用范围
手工或动力工具除锈	施工简单、方便；造价低	工效低，对人体有害	适用于要求不高的钢件表面处理
化学除锈	除锈较彻底；造价低	通常用浸泡法或高压泵冲洗施工，工件大小受限制	适用于结构复杂的小型工件。大型工件使用时要使酸液能够回收，以防环境污染
火焰除锈	施工简单、快捷；成本低	有环境污染	适用于有油污、大量锈层、旧漆膜的表面和小型工件
高压水喷射除锈	施工效率高；成本低；无污染	除锈后需要及时保护或防腐，受施工条件限制	适用于各种工件的表面除锈。目前多用于海洋平台

2. 防腐

涂料的涂刷应符合以下规定：

（1）涂层应与基面黏结牢固、均匀，厚度应符合产品说明书的要求，面层颜色应一致。

（2）漆膜应滑腻平整，不得有皱纹、起泡、针孔、流挂等现象，并应均匀完整，不得漏涂、损坏。

（3）色环宽度应一致，间距应均匀，且应与管道轴线垂直。

（4）当设计有要求时应进行涂层附着力测试。

（5）现场涂刷过程中应避免漆膜被污染和受损坏。当多层涂刷时，第一遍漆膜未干前不得涂刷第二遍漆。全数涂层完成后，漆膜未干燥固化前，不得进行下道工序施工。

钢材除锈、涂刷质量检验应符合表 3-7 的规定。

表 3-7　钢材除锈、涂刷质量检验

项目	检查频率		检验方法
	范围/m	点数	
除锈△	50	5	外观检查每 10 m 计点
涂料	50	5	外观检查每 10 m 计点

注：表中"△"为主控项目，其余为一般项目。

3. 保温

接头保温施工应符合下列规定：

（1）接头保温施工应在工作管强度试验合格，且沟内无积水、非雨天的条件下进行,如果必须在雨、雪天施工时,则应采取防护措施。

(2)接头处工作坑的最小长度应满足现场焊接和接头保温的要求。工作坑的尺寸不应小于表3-8的规定。

表3-8 工作坑尺寸 单位:mm

工作管公称直径 DN	外护管距沟壁 最小距离	外护管距沟底 最小高度	工作坑最小长度		
			单层密封接头	双层密封接头	多层密封接头
DN≤200	300	300	800	900	1100
200<DN≤800	500	500	950	1050	1250
800<DN≤1200	800	500	1200	1300	1500
1200<DN≤1600	1000	500	1400	1500	1700

(3)现场保温接头使用的原材料在存放过程中应根据材料特性采取保护措施。

(4)接头的保温结构、保温材料的材质及厚度应与直埋管相同。

(5)接头的保温层应与相接的直埋管保温层衔接紧密,不得有缝隙。

(6)当管段被水浸泡时,应清除被浸湿的保温材料后方可进行接头保温。

五、焊口保温

预制直埋管道现场安装完成后,必须对保温材料裸露处(即接头)进行密封处理。热力管道的接头有多种结构形式,对不同形式接头,其防腐保温措施也有所不同。

(一)接头种类

1. 热水管接头

热水管接头按种类分为热缩带式接头、电热熔式接头和热收缩式接头;按结构分为单层密封式接头和双(多)层密封式接头。

(1)热缩带式接头:由高密度聚乙烯外护层、热缩带[如图3-28(a)]及保温层组成的接头结构形式。

(a)热缩带

(b)外护层+电热熔丝

(c)热缩套袖

图3-28 热水管接头

（2）电热熔式接头：由高密度聚乙烯外护层、电热熔丝［如图 3-28（b）］及保温层组成的接头结构形式。

（3）热收缩式接头：由热缩套袖［如图 3-28（c）］、密封胶及保温层组成的接头结构形式。

（4）双（多）层密封式接头：将两种或两种以上密封系统先后安装在同一接头上，彼此相互独立，分别起作用，互不影响的接头结构形式。

2. 蒸汽管接头

蒸汽管接头分为可拉动接头和不可拉动接头。

（1）可拉动接头：蒸汽管接头保温完成后，拉动一侧钢外护管与另外一侧钢外护管对接的接头结构形式。

（2）不可拉动接头：蒸汽管接头保温完成后，在接头位置单独焊接一段钢外护管的接头形式。

（二）典型接头保温施工

1. 电热熔式＋热缩带式双密封接头防腐保温

（1）焊口除污除锈。

① 焊接前，保温管外护层与接头外护层搭接的表面、接头外护层横缝搭接的表面均应打磨至表面粗糙，去除外护层表面的氧化层，打磨宽度不小于 150 mm，如图 3-29 所示。

② 清除表面处理的碎屑后，应采用酒精将搭接表面擦拭、清理干净。处理过程中应采取防火措施。

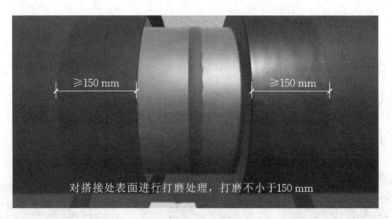

图 3-29　焊接前焊缝搭接表面的打磨要求

（2）电热熔套连接。

① 电热熔套安装。检查电热熔套外及两端管道外保护管塑料热熔部位是否清洁干净，接头外护层与接头两侧保温管外护层的搭接长度应一致，单侧搭接长度不应小于 100 mm，两端搭接长度之差不应大于 20 mm，利用专用紧固带固定两端部位，防止滑落，如图 3-30 所示。

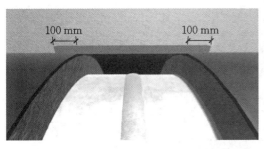

图 3-30　电热熔套安装

② 电热熔套焊接(图 3-31)。将焊机的输出线端与电热熔套的连接线头相连接,通电后热熔套电阻丝发热,使热熔套管升温熔化并与管道保护层彼此融合为一体,热熔时间在 10 min 左右,待有微量烟雾冒出即可,热熔焊接结束后自然冷却。

图 3-31　电热熔套焊接

③ 热缩带固定密封。用热缩带在电热熔套与管道外保护管接头处、热熔套纵向接头处密封,热缩带宽度 150 mm,接头所用热缩带的剥离强度不应小于 60 N/cm。热缩带收缩后,管道外保护管和接头外护层搭接处应密封良好,边缘处的热熔胶应均匀溢出,不应出现过烧、鼓包、翘边或局部漏烤等现象,如图 3-32 所示。

(3) 气密性试验。

现场所有保温接头的外护层都要做气密性试验。保温接头的气密性试验采用空气为介质,气密性试验应在接头外保护管冷却到 40 ℃ 以下后进行,试验压力应为 0.02 MPa,保压 2 min 后,在密封处涂上肥皂水,无气泡产生则合格。

(4) 现场注料发泡。

外保护管现场开两孔,一孔注料,一孔排气,排气孔位置高于注料孔。现场发泡采用机器发泡,不得采用手工发泡,发泡采用的聚氨酯原料为组合聚醚(白料)和异氰酸酯(黑料),两者按比例(常用比例 1∶1.5)搅拌混合均匀。经聚合反应后,生成具有独立闭孔结构的聚氨酯硬质泡沫塑料,焊口接头保温材料性能应与保温管相同。使用聚氨酯发泡时,环境温度宜为 25 ℃,且不应低于 10 ℃,工作管表面温度不应超过 50 ℃,聚氨酯原料的温度宜控制在 20~40 ℃。

热熔套纵向接头处密封

150 mm

热缩带宽度150 mm

热缩带收缩后，边缘处的热熔胶应均匀溢出

图 3-32　热缩带固定密封

　　待泡沫从两孔溢出完全凝固后进行敲击检查，判断泡沫是否充实饱满，检查合格后将孔口部位清理干净，如不饱满则进行补料重新发泡。

　　发泡结束后，应清除注料孔和排气孔处溢出的泡沫，并应对外护层上的注料孔和排气孔进行密封处理。当工作管管径小于或等于 200 mm 时，宜采用盖片密封，当工作管管径大于 200 mm 时，应采用焊塞焊接密封，焊塞外宜采用盖片进行加强密封，如图 3-33 所示。

　　（5）施工结束。

　　拆除电热熔设备及注料机器，清理现场。

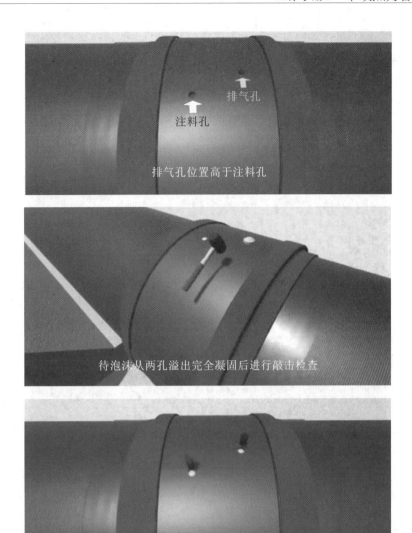

注料孔　排气孔

排气孔位置高于注料孔

待泡沫从两孔溢出完全凝固后进行敲击检查

用专用堵盖将注料孔和排气孔完全封死

图 3-33　现场注料发泡

2. 热收缩式接头＋热缩带式接头防腐保温

(1) 焊口除污除锈。

① 焊接前,将保温管外护层与接头外护层搭接的表面、接头外护层横缝搭接的表面打磨至表面粗糙,去除外护层表面的氧化层,打磨宽度不小于 150 mm。

② 清除表面处理的碎屑后,应采用酒精将搭接表面擦拭、清理干净。处理过程中应采取防火措施。

(2) 接头施工。

将热缩套袖沿径向切开,将热缩套袖套在焊口补口位置上,同时用木块(或其他物质)将热缩套袖垫起,保证热缩套袖与保温管外护管平齐,用打包带固定。热缩套袖与两侧保温管外护层的搭接长度应一致,单侧搭接长度不应小于 100 mm,两端搭接长度之差不应大于 20 mm。

用塑料焊枪焊接直缝及两侧环缝,拆除打包带,再用热缩带对直缝及两侧环缝依次进行加固密封。用汽油喷灯或其他可以控制热量大小的热源烘烤热缩带内侧，直缝段热缩带应从一端纵向逐步加固至另一端；两侧环缝热缩带宜先加固底部，自底部中间位置沿环向向上均匀加热至管道上侧中央位置，烘烤热缩带外侧，使其收缩。在收缩过程中，如果出现气泡或褶皱，需用压辊碾平，以消除气泡。热缩套袖收缩后应平整，无皱折、气泡、空鼓、烧焦碳化等现象，如图 3-34 所示。

图 3-34　热收缩接头施工

气密性试验、现场注料发泡工艺同电热熔式＋热缩带式双密封接头。

六、钢制外护管的现场补口

（1）外护管应采用对接焊，接口焊接应采用氩弧焊打底，并应进行100％超声波探伤检验,焊缝内部质量不得低于现行国家标准《焊缝无损检测 超声检测 技术、检测等级和评定》(GB/T 11345—2013)中的Ⅱ级质量要求;当管道保温层采用抽真空技术时,焊缝内部质量不得低于现行国家标准 GB/T 11345—2013 中的Ⅰ级质量要求;焊接外保护管时,应对已完成的工作管保温材料采取防护措施以防止焊接烧灼。

GB/T 11345—2013

（2）外保护管补口前应对补口段进行预处理,除锈等级应根据使用的防腐材料确定,并符合现行国家标准《涂覆涂料前钢材表面处理 表面清洁度的目视评定 第1部分:未涂覆过的钢材表面和全面清除原有涂层后的钢材表面的锈蚀等级和处理等级》(GB/T 8923.1—2011)中 St3 级的要求。

GB/T 8923.1—2011

（3）补口段预处理完成后,应及时进行防腐处理,防腐等级应与外保护管相同,防腐材料应与外保护管防腐材料一致或相匹配。

（4）防腐层应采用电火花检漏仪检测,耐击穿电压应符合设计要求。

（5）外保护管接口应在防腐层之前做气密性试验,试验压力应为 0.2 MPa。试验应按现行国家标准《工业金属管道工程施工规范》(GB 50235—2010)和《工业金属管道工程施工质量验收规范》(GB 50184—2011)的有关规定执行。

GB 50235—2010

（6）补口完成后,应对安装就位的直埋蒸汽管及管件的外保护管和防腐层进行检查,若发现损伤,应进行修补。

GB 50184—2011

七、沟槽回填

（1）回填前,直埋管外护层及接头应验收合格,不得有破损。

（2）管道接头工作坑回填可采用水撼砂的方法分层撼实,如图 3-35 所示。

图 3-35 管道接头工作坑用水撼砂法回填

（3）对于设计要求进行预热伸长的直埋管道，回填方法和时间应按设计要求进行，如设计无要求，则采用中粗砂回填，回填至管道顶标高 3/4 处后，对管道进行预热，使管道达到预热温度和设计伸长量。回填从预热管道的两端向中间进行，回填至超过管道顶标高 200 mm 处，如图 3-36 所示。

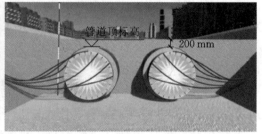

图 3-36　预热伸长的直埋管道回填要求

（4）管顶应铺设警示带，警示带距离管顶不得小于 300 mm，且不得敷设在道路基础上，如图 3-37 所示。

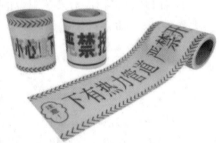

图 3-37　管顶警示带

任务 3　管沟及架空热力管道施工

一、敷设形式

（一）地沟敷设

管沟和架空
热力管道
施工微课

地沟敷设是指将管道敷设于混凝土或砖（石）砌筑的管沟内。地沟是敷设管道的围护构筑物，用以承受土压力和地面荷载并防止地下水的侵入。

1. 不通行地沟敷设

不通行地沟敷设适用于经常不需要维修，且管线根数在两条之内的支线，如图 3-38 所示。两管保温层外皮间距应大于 100 mm，保温层外皮距沟底约 120 mm，距沟壁和沟盖下缘大于 100 mm。

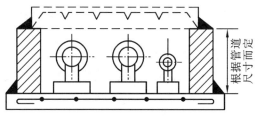

图 3-38　不通行地沟敷设

2.半通行地沟敷设

半通行地沟敷设适用于含 2～3 根管道且不经常维修的干线,如图 3-39 所示。要求地沟的高度能使维修人员在沟内弯腰行走,一般净高为 1.4 m,通道净宽为 0.6～0.7 m。

3.通行地沟敷设

通行地沟敷设适用于厂区主要干线及城市主要街道,管道根数多(一般超过 6 根),如图 3-40 所示。为了方便检修人员在沟内自由行走,地沟的人行道宽要大于 0.7 m,高度应大于等于 1.8 m。

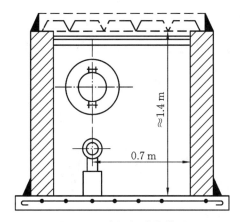

图 3-39　半通行地沟敷设

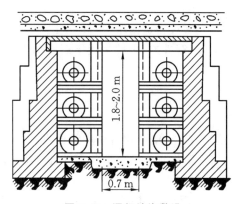

图 3-40　通行地沟敷设

(二)架空敷设

架空敷设是指管道敷设在地面以上的独立支架或建筑物的墙壁上。根据支架高度的不同,一般有低支架敷设、中支架敷设、高支架敷设三种形式。

(1)低支架敷设时,管道保温结构底部距地面净高为 0.5～1.0 m,它是最经济的敷设方式,如图 3-41 所示。

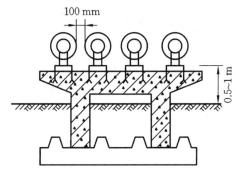

图 3-41　低支架敷设

（2）中支架敷设时，管道保温结构底部距地面净高为 2.0～4.0 m，它适用于人行道和非机动车辆通行地段。

（3）高支架敷设时，管道保温结构底部距地面净高为 4.0 m 以上，它适用于供热管道跨越道路、铁路或其他障碍物的情况，该方式投资大，应尽量少用。中高支架敷设见图 3-42。

图 3-42　中高支架敷设

架空敷设构造简单、维修方便、不受地下水和其他管线的影响，但占地面积大、热损失大、美观性差，因此多用于厂区和市郊地区。

二、施工准备

（1）管径、壁厚和材质应符合设计要求并检验合格；

（2）安装前应对钢管及管件进行除污，对有防腐要求的管道宜在安装前进行防腐处理；

（3）安装管道前应对中心线和支架高程进行复核。

三、管道支架安装

管道的支承结构称为支架，作用是支撑管道并限制管道的变形和位移，承受管道的内压力、外荷载及温度变形的弹性力。

（一）分类

根据支架对管道的约束作用不同，可分为固定支架和活动支架。

1. 固定支架

在固定支架处，管道被牢牢地固定住，不能有任何位移，管道只能在两个固定支架间伸缩，如图 3-43 所示。固定支架不仅承受管道、附件、管内介质及保温结构的重量，还承受管道因温度、压力而产生的轴向伸缩推力和变形应力，因此固定支架必须有足够的强度。

2. 活动支架

活动支架的作用是直接承受管道及保温结构的重量，并允许管道在温度作用下，

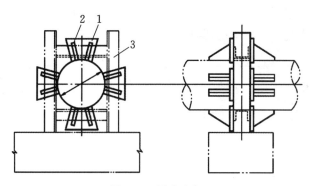

图 3-43 固定支架
1—挡板;2—肋板;3—立柱

沿管轴线自由伸缩。活动支架可分为滑动支架、导向支架、滚动支架和悬吊支架。

(1)滑动支架。

滑动支架是能使管道在支架结构间自由滑动的支架,滑动支架又可以分为用于不保温管道的低滑动支架和用于保温管道的高滑动支架两种,如图 3-44 所示。滑动支架形式简单,加工方便,使用广泛。

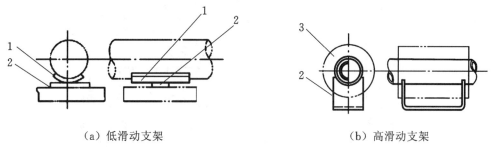

(a)低滑动支架　　　　　　　　(b)高滑动支架

图 3-44 滑动支架
1—弧形板;2—管道托架;3—绝热层

(2)导向支架。

导向支架(图 3-45)的作用是使管道在支架上滑动时不致偏离管轴线,一般设置在补偿器、阀门两侧或其他只允许管道有轴向移动的地方。

(3)滚动支架。

滚动支架是在管道滑托与支架之间加入滚柱或滚珠,使管子与支架间相对运动为滚动,从而使滑动摩擦力变为滚动摩擦力,主要用于大管径且无横向位移的管道。按照其滚动构件的不同,分为滚珠支架和滚柱支架两种。滚珠支架用于介质温度较高、管径较大而无横向位移的管

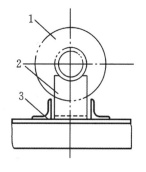

图 3-45 导向支架
1—绝热层;2—管道托架;3—导向板

道,如图 3-46(a)所示;滚柱支架用于直径较大而无横向位移的管道,如图 3-46(b)所示。

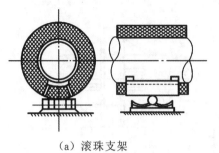

（a）滚珠支架　　　　　　　　　　　　　　　（b）滚柱支架

图 3-46　滚动支架

（4）悬吊支架。

悬吊支架简称吊架。对于沿着建筑的楼板或屋面、梁、桁架等安装，且不能靠墙体或柱子支撑的管道，必须用吊架加以固定。吊架可分为普通刚性吊架和弹簧吊架两种。普通刚性吊架主要用于伸缩性较小的管道，加工、安装方便，能承受管道荷载的水平位移，如图 3-47(a)所示；弹簧吊架适用于伸缩性和振动性较大的管道，形式复杂，在重要场合使用，如图 3-47(b)所示。

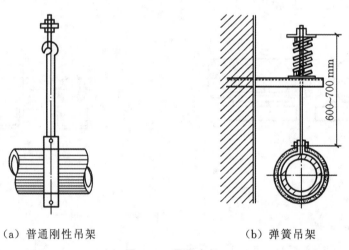

（a）普通刚性吊架　　　　　　　　　　　（b）弹簧吊架

图 3-47　悬吊支架

（二）管道支架施工要点

（1）支架、吊架安装位置应正确，标高和坡度应符合设计要求，安装应平整，埋设应牢固。

（2）管道支架支承面的标高可采用加设金属垫板的方式进行调整，垫板不得大于 2 层，垫板应与预埋铁件或钢结构进行焊接。

（3）固定支架卡板和支架结构接触面应贴实；支架结构接触面应洁净、平整。

（4）活动支架的偏移方向、偏移量及导向性能应符合设计要求。

（5）弹簧支架、吊架安装高度应按设计要求进行调整，弹簧的临时固定件应在管道安装、试压、保温完毕后拆除。

（6）管道支架、吊架处不应有管道焊缝（如图 3-48 所示），导向支架、滑动支架和吊架不得有歪斜和卡滞现象。

（7）有轴向补偿器的管段,安装补偿器前,管道和固定支架之间不得进行固定。

（8）管道穿越建(构)筑物的墙板处应安装套管(如图3-49所示)。

图3-48　管道支架、吊架处不应有管道焊缝

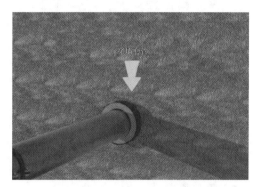

图3-49　穿墙套管

四、管口焊接

同预制直埋管道焊接。

五、防腐层施工

（一）基本要求

（1）防腐材料应符合设计和环保要求,应密封保存,并在有效期内用完。当采用多种涂料配合使用时,搅拌应均匀,色调应一致,不得有漆皮等影响涂刷的杂物。

（2）涂刷前应对钢材表面进行处理,应干燥无结露。

（3）涂料说明书无要求时,涂刷环境温度宜为5～40 ℃,相对湿度不大于75％。在雨雪和大风环境中涂刷时,应采取遮挡措施,涂料未干燥前应免受雨淋。

（4）应防止漆膜污染和受损。多层涂刷时,第一遍漆膜未干前不得涂刷第二遍漆。全部涂层完成后,漆膜未干燥固化前,不得进行下道工序。

（5）对安装后无法涂刷或不易涂刷的部位,在安装前应预先涂刷。预留的未涂刷部位,应及时涂刷。涂层上的缺陷、不合格处以及损坏部位应及时修补。

（6）防腐成品应保护,不得踩踏或当作支架使用。

（二）涂料和玻璃纤维防腐层施工要点

（1）底漆应涂刷均匀、完整,不得有空白、凝块和流痕。

（2）玻璃纤维两面沾油应均匀,布面应无空白,且不得淌油和滴油。玻璃纤维重叠宽度应大于布宽的1/2,压边量应为10～15 mm。

（3）玻璃纤维与管壁应黏结牢固、无空隙,缠绕应紧密且无皱褶。防腐层表面应光滑,不得有气孔、针孔和裂纹。管件两端应预留200～250 mm空白段。

六、保温层施工

（一）基本要求

（1）保温材料的品种、规格、性能等应符合设计和环保要求，产品应具有质量合格证明文件。

（2）应从每批进场保温材料中，任选1～2组试样，进行导热系数、保温层密度、厚度和吸水率等测定。

（3）保温材料不得雨淋、受潮。受潮的材料经过干燥处理后应进行检测，不合格时不得使用。

（4）应在压力试验、防腐验收合格后进行保温层施工。当钢管需预先保温时，应将环形焊缝等检验处留出，待各项检验合格后，方可对留出部位进行防腐、保温。

（5）在雨雪天进行室外保温施工时应采取防水措施。当采用湿法保温时，若施工温度低于5℃则应采取防冻措施。

（二）保温层施工要点

（1）保温层厚度大于100 mm时，应分层施工。

（2）保温棉毡、垫的密实度应均匀，外形应规整。

（3）瓦块式保温制品的拼缝宽度不得大于5 mm，如图3-50所示。当保温层为聚氨酯瓦块时，应用同类材料将缝隙填满。其他类硬质保温瓦内应抹3～5 mm厚的石棉灰胶泥层，并应砌严密。保温层应错缝铺设，缝隙处应采用石棉灰胶泥填实。当使用两层以上的保温制品时，同层应错缝，里外层应压缝，其搭接长度不应小于50 mm，如图3-51所示。每块瓦应使用两道镀锌钢丝或箍带扎紧，不得采用螺旋形捆扎方法，镀锌钢丝的直径不得小于设计要求。

图3-50　瓦块式保温层拼缝宽度

（4）纤维制品保温层应与被保温表面贴实，纵向接缝应位于管道下方45°位置，接头处不得有间隙。双层保温结构的层间应盖缝，表面应保持平整，厚度应均匀，捆扎间

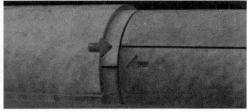

图 3-51　瓦块式多层保温层施工要求

距不应大于 200 mm,并应适当紧固。

（5）当设计无要求时,软质复合硅酸盐保温材料每层可涂抹 10 mm,并应压实,待第一层达到一定强度后,再抹第二层并压光。

（6）保温层遮盖设备铭牌时,应将铭牌复制到保温层外。保温层端部应做封端处理。设备人孔、手孔等需要拆装的部位,保温层应做成 45°坡面。

七、保护层施工

（一）基本要求

（1）保温层应保持干燥并经检查合格后,方可进行保护层施工。

（2）保护层应牢固、严密。

（二）复合材料保护层施工要点

（1）玻璃纤维布应以螺纹状紧密缠绕在保温层外,前后搭接应大于 50 mm,搭接处应做防水处理。布带两端及每隔 300 mm 采用镀锌钢丝或钢带捆扎。

（2）复合铝箔接缝处应采用压敏胶带黏贴、铆钉固定。

（3）玻璃钢保护壳沿轴向应搭接 50～60 mm,环向应搭接 40～50 mm。

（4）铝塑复合板正面应朝外,不得损伤其表面。轴向接缝应用保温钉固定,间距应为 60～80 mm。环向搭接宽度应为 30～40 mm,纵向搭接宽度不小于 10 mm。

（5）当垂直管道及设备的保护层采用复合铝箔、玻璃钢保护壳和铝塑复合板时,应由下向上呈顺水接缝。

（三）石棉水泥保护层施工要点

（1）石棉水泥不得采用闪石棉等制品。

（2）保护层施工前,应检查钢丝网有无松动,及时修复缺陷部位,保温层的空隙应采用胶泥填充。

（3）金属保护层应预留受热膨胀量。当在结露或潮湿环境中安装时,金属保护层应嵌填密封剂,或在接缝处包缠密封带。

（4）金属保护层上不得踩踏,也不可堆放物品。

任务 4　热力管网附件安装及供热站设施施工

一、阀门及阀门检查室

（一）阀门安装

（1）阀门吊装应平稳，不得用阀门手轮作为吊装的承重点，不得损坏阀门，已安装就位的阀门应防止重物撞击；安装前应清除阀口的封闭物及其他杂物；阀门的开关手轮应安装于便于操作的位置。

（2）阀门应按标注方向进行安装。

（3）当阀门与管道以法兰或螺纹方式连接时，阀门应在关闭状态下安装，以防止异物进入阀门密封座。当阀门与管道以焊接方式连接时，宜采用氩弧焊打底；焊接时阀门不得关闭，以防止受热变形和因焊接而造成密封面损伤。焊机地线应搭在同侧焊口的钢管上，严禁搭在阀体上，如图 3-52 所示。对于承插式阀门还应在承插端头留有 1.5 mm 的间隙，以防止焊接时或操作中承受附加外力。

（a）搭在阀体上（错误做法）　　　（b）搭在同侧焊口的钢管上（正确做法）

图 3-52　放置焊机地线

（4）阀门焊接完成后，待其温度降至环境温度后方可操作，以免烫伤。

（5）焊接蝶阀的安装应符合下列规定：

① 阀板轴应安装在水平方向上，轴与水平面的最大夹角不应大于 60°，不得垂直安装。

② 安装蝶阀前应关闭阀板，并应采取保护措施。

（6）当焊接球阀水平安装时应将阀门完全开启；当垂直管道安装，且焊接阀体下方焊缝时应将阀门关闭，焊接过程中应对阀体进行降温。

（7）阀门安装完毕后应正常开启 2～3 次。

（8）阀门不得作为管道末端的堵板使用，应在阀门后加堵板，若为热水管道，则应在阀门和堵板之间充满水。

（二）阀门检查室

（1）顶板覆土宜控制在 1～3 m。

（2）检查室设 2 个人孔，并对角布置，人孔尺寸应能满足设备进出需要；若管径大于或等于 500 mm，需在顶板设置设备吊装孔。

（3）检查室内空间应满足设备操作和检修的要求。可参考图 3-53 中所列检查室尺寸，具体数值应由设计确定。

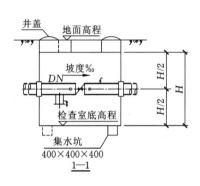

检查室尺寸表(mm)

公称直径 DN	A	E	B	C_1	C_2	吊装孔	D	H	旁通阀 DN_P
200				1185			630		
250	2000	500	3000	1150	同C_1	—	700	2000	—
300				1100			800		
350				1265			870		
400	2000	500	3400	1225	同C_1	—	950	3000	—
450				1180			1040		
500	2400	600	3800	1245	1445	1200	1110	3000	50
600				1240	1340		1220		
700	2400	600	4500	1435	1735	1200	1330	3500	80
800				1350	1650		1500		
900	2400	600	5400	1790	1990	1500	1620	4000	100
1000				1590	1990		1820		
1200	2400	600	6000	1715	2215	1800	2070	4600	150

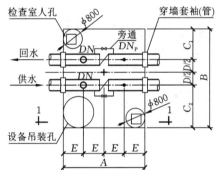

说明：
1. 顶板覆土宜控制在 1～3 m。
2. 检查室设2个人孔，并对角布置，人孔尺寸应能满足设备进出要求；管径大于或等于DN500需在顶板设置设备吊装孔。
3. 检查室内空间应满足设备操作、检修要求。表中数据为参考值，具体数值应由设计确定。
4. 管道高点设跑风，低点设泄水，做法见本图集第115页。
5. 穿墙套袖(管)的做法见本图集第112、113页。
6. 管间距D为采用补偿器补偿的情形，取值见本图集第94页。
7. 大于或等于DN500阀门设置旁通阀。

图 3-53　阀门检查室布置图

注：摘自国家建筑标准设计图集《热水管道直埋敷设》(17R410)。

（4）管道高点设放气阀，低点设泄水阀，如图 3-54 所示。

（5）当地下水位较低时，管道穿墙采用穿墙套袖（管）的做法，如图 3-55 所示。

① 在直埋管道进入建筑物或穿墙处，应用锥形的穿墙套袖制作防水渗透的安全密封层。穿墙套袖用耐腐蚀的橡胶制成，具有良好的密封作用，同时允许在穿墙处有膨胀移动。

② 胶圈穿墙套袖见图 3-55 中图（一）。安装前需将保温管外壳擦干净，并保持干燥，将穿墙套袖套在管上，然后焊接钢管。

③ 具体做法：墙体上预留圆孔洞，再将带有保温层的钢管套上穿墙套袖，放在洞内，洞内二次浇筑 C30 细碎石混凝土并捣实。

当墙厚不大于 250 m 时选用一组套袖，做法见图 3-55 中图（二）；若穿墙管受侧向载荷并且墙壁较厚，应使用一个以上穿墙套袖，做法见图 3-55 中图（三）。在两个穿墙套袖之间，宜缠一层耐热胶带。

（6）当地下水位较高时，管道穿墙宜采用可调式穿墙套管的做法，见图 3-56。

① 若墙壁为砌体结构，应浇筑混凝土，其浇筑范围应为 $D \sim D + 200$ mm。

② 图中密封胶圈可根据需要进一步调节压紧，以加强密封效果。

（7）对于大于或等于 $DN500$ 的阀门，应设置旁通阀。

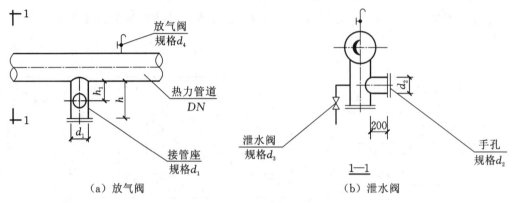

（a）放气阀　　　　　　（b）泄水阀

图 3-54　放气阀和排水阀

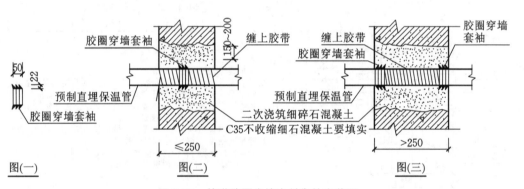

图（一）　　　　　图（二）　　　　　图（三）

图 3-55　管道胶圈穿墙密封套袖安装图

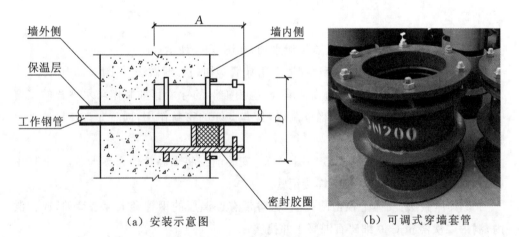

（a）安装示意图　　　　　　（b）可调式穿墙套管

图 3-56　管道（可调式）穿墙套管安装图

A—套管长度（mm）；D—套管直径（mm）

二、补偿器与补偿器检查室

(一)补偿器安装要点

(1)有补偿器装置的管段,补偿器安装前,管道和固定支架之间不得进行固定。补偿器的临时固定装置在管道安装、试压、保温完毕后,将紧固件松开,保证在使用中可自由伸缩。

(2)补偿器应与管道保持同轴,安装操作时不得损伤补偿器,不得采用使补偿器变形的方法来调整管道的安装偏差。

(3)在靠近补偿器的两端,应设置导向支架,保证运行时管道沿轴线自由伸缩。

(4)当安装时的环境温度低于补偿零点(设计的最高温度与最低温度之和的1/2)时,应对补偿器进行预拉伸,拉伸的具体数值应符合设计文件的规定。经过预拉伸的补偿器,在安装及保温过程中应采取措施保证预拉伸不被释放。

(5)L形、Z形、方形补偿器一般在施工现场制作,应采用优质碳素钢无缝钢管制作。方形补偿器水平安装时,平行臂应与管线坡度及坡向相同,垂直臂应呈水平放置。垂直安装时,不得在弯管上开孔安装放风管和排水管。

(6)波纹管补偿器或套筒式补偿器安装时,补偿器应与管道保持同轴,不得偏斜,有流向标记(箭头)的补偿器,流向标记与介质流向一致。填料式补偿器芯管的外露长度应大于设计规定的变形量。

(二)补偿器检查室

补偿器检查室同阀门井类似,如图3-57所示。

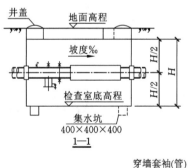

检查室尺寸表

公称直径 DN/mm	A/mm	X/mm	E/mm	B/mm	C₁/mm	C₂/mm	吊装孔/mm	D/mm	H/mm	固定支架推力(t)
200					1185			630		
250	4900	2900	500	3000	1150	同C₁	-	700	2500	30
300					1100			800		
350					1265			870		
400	5100	3100	500	3400	1225	同C₁	-	950	3000	60
450					1180			1040		
500	5300	3100	600	3800	1245	1445	1200	1110	3000	90
600					1240	1340		1220		
700	6200	3600	600	4500	1435	1735	1200	1330	3500	120
800					1350	1650		1500		
900	6200	3600	800	5400	1790	1990	1500	1620	4000	200
1000					1590	1990		1820		
1200	6700	3700	1000	6000	1715	2215	1800	2070	4600	300

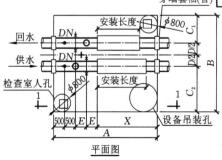

说明:1.管径不大于DN200管道建议采用自然补偿方式。
2.顶板覆土宜控制在1~3 m。
3.检查室设2个人孔,并对角布置,人孔尺寸应能满足设备进出,管径大于或等于DN500需在顶板设设备吊装孔。
4.检查室内空间应满足设备操作、检修要求。表中数据为参考值,具体数值应由设计核算后确定。
5.管道高点设跑风,低点设泄水,做法见本图集第115页。
6.穿墙套袖(管)的做法见本图集第112、113页。
7.管间距D为采用补偿器补偿的情形,取值见本图集第94页。
8.波纹管补偿器见本图集附录2.3。

图 3-57　单波纹管补偿器检查室布置图

注:摘自国家建筑标准设计图集《热水管道直埋敷设》(17R410)。

（三）直埋波纹管补偿器安装

（1）裙座及防尘罩是在补偿器的钢件上加焊而成的。

（2）ΔX 为补偿器的补偿量。

（3）补偿器的内径、外径根据补偿器实际钢件尺寸而定。

（4）图 3-58 为单向补偿器，双向补偿器则需要在另一方焊接一套裙座及防尘罩。

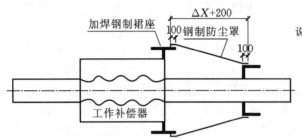

说明：
1. 裙座及防尘罩是在补偿器的钢件上加焊而成的。
2. ΔX 为补偿器的补偿量。
3. 补偿器的内径、外径根据补偿器实际钢件尺寸而定。
4. 图示为单向补偿器，双向补偿器则需要在另一方焊接一套裙座及防尘罩。

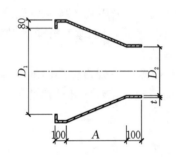

防尘罩尺寸表

公称直径 DN/mm	补偿量 /mm	防尘罩尺寸/mm			
		D_1	D_2	A	t
200	205	638	389	646	3
250	200	700	476	640	5
300	201	832	527	641	5
350	237	883	598	684	5
400	249	955	660	699	7
450	210	1062	726	652	7
500	246	1126	792	695	7
600	344	1256	915	710	10
700	436	1414	1022	792	10
800	368	1483	1144	731	10
1000	344	1648	1374	710	10
1200	430	1944	1608	820	10

图 3-58　直埋波纹管补偿器安装

三、供热站设备的安装

供热站是供热网络与热力用户的连接场所，热源释放热能后，依次经过一级管网、供热站、二级管网才能供给热力用户。

（1）供热站房设备间的门应向外开。

① 热水供热站：可只设个出口；但站房长度大于 12 m 或热力网设计水温≥100 ℃时，应设两个出口。

② 蒸汽供热站：不论站房尺寸如何，都应设置两个出口。

（2）管道及设备安装前，土建施工单位、工艺安装单位及监理单位应对预埋吊点的数量及位置，设备基础位置、表面质量、几何尺寸、标高及混凝土质量，预留孔洞的位置、尺寸及标高等共同复核检查，并办理书面交验手续。

（3）设备基础地脚螺栓底部锚固环钩的外缘与预留孔壁和孔底的距离不得小于15 mm；拧紧螺母后，螺栓外露长度应为 2～5 倍螺距；灌注地脚螺栓使用的细石混凝土（或水泥砂浆）强度等级应比基础混凝土的强度等级高一级；拧紧地脚螺栓时，灌注混凝土的强度应不小于设计强度的 75%。

(4) 供热站内管道的安装应在主要设备安装完成、支吊架以及土建结构完成后进行(先土建结构施工,安支架,安设备,后安管道)。管道支吊架位置及数量应满足设计及安装要求。管道安装前,应按施工图和相关建(构)筑物的轴线、边缘线、标高线划定安装的基准线。仔细核对一次水系统供回水管道方向与外网的对应关系,切忌接反。

(5) 供热站内管道与设备连接时,设备不得承受附加外力,进入管内的杂物应及时清理干净。泵的吸入管道和输出管道应有各自独立、牢固的支架,泵不得直接承受系统管道、阀门等的重量和附加力矩。管道与泵连接后,不应在其上进行焊接和气割;当需焊接和气割时,应拆下管道或采取必要的措施,并应防止焊渣进入泵内。

(6) 蒸汽管道和设备上的安全阀应有通向室外的排气管,热水管道和设备上的安全阀应有接到安全地点的排水管,并应有足够的截面积和防冻措施确保排放通畅。在排气管和排水管上不得装设阀门。排放管应固定牢固。

(7) 管道焊接完成后,应进行外观质量检查和无损检测,无损检测的标准、数量应符合设计和相关规范要求。合格后按照系统分别进行强度试验和严密性试验。强度试验和严密性试验合格后进行除锈、防腐、保温。

任务5　热力管道系统压力试验、清洗和试运行

一、压力试验

热力管道和设备安装完成后,应按设计要求进行强度试验和严密性试验。一级管网和二级管网应进行强度试验和严密性试验,供热站内系统应进行严密性试验,要符合《城镇供热管网工程施工及验收规范》(CJJ 28—2014)中的规定。

CJJ 28—2014

试验步骤:试压准备→向管路注水→水压试验→泄水→填写试压记录表。

(一) 试压准备

1. 强度试验

强度试验前应完成下列工作:

(1) 强度试验应在试验段内的管道接口防腐、保温及设备安装前进行。

(2) 强度试验前焊接外观质量检查和无损检测应已合格,管道安装使用的材料、设备资料应齐全。

(3) 管道自由端的临时加固装置应安装完成,并应经设计核算与检查确认安全可靠。试验管道与其他管线应用盲板或采取其他措施隔开,不得影响其他系统的安全。

(4) 试验用的压力表应经校验,其精度不得小于 1.0 级,量程应为试验压力的

热力管道系统压力试验、清洗和试运行微课

1.5~2 倍,数量不得少于 2 块,并应分别安装在试验泵出口处和试验系统末端。

2. 严密性试验

严密性试验前应完成下列工作:

(1)严密性试验应在试验范围内的管道工程全部安装完成后进行。压力试验长度宜为一个完整的设计施工段,且经强度试验合格。

(2)试验用的压力表应经校验,其精度不得小于 1.5 级,量程应为试验压力的 1.5~2 倍,数量不得少于 2 块,并应分别安装在试验泵出口处和试验系统末端。

(3)管道各种支架已安装调整完毕,固定支架的混凝土已达到设计强度,回填土及填充物已满足设计要求。

(4)管道自由端的临时加固装置已安装完成,并经设计核算与检查确认安全可靠。试验管道与无关系统应采用盲板或采取其他措施隔开,不得影响其他系统的安全。

(二)向管路注水

采用洁净水为介质,打开高位处排气阀门,从下往上向管路注水,水满后关闭进水阀,静置一段时间,继续注水,当空气排尽,系统最高排气阀处见水,表明系统已注满水,关闭排气阀。

(三)水压试验

压力试验方法和合格判定依据见表 3-9。

表 3-9　压力试验方法和合格判定

项目	试验方法和合格判定			检验范围
强度试验	升压到试验压力,稳压 10 min 无渗漏、无压降后降至设计压力,稳压 30 min 无渗漏、无压降为合格			每个试验段
严密性试验	升压至试验压力,当压力趋于稳定后,检查管道、焊缝、管路附件及设备等无渗漏,固定支架无明显的变形等			全段
	一级管网及站内	稳压在 1 h,前后压降不大于 0.05 MPa,为合格		
	二级管网	稳压在 30 min,前后压降不大于 0.05 MPa,为合格		

1. 一级管网及二级管网应进行强度试验和严密性试验

强度试验的试验压力为 1.5 倍设计压力,且不得低于 0.6 MPa,其目的是检验管道本身与安装焊口的强度。

严密性试验的试验压力为 1.25 倍设计压力,且不得低于 0.6 MPa,它是在各管段强度试验合格的基础上进行的,且应该在管道安装施焊工序全部完成后进行,这种试验是对管道的一次全面检验。

注:与给水管道的水压试验不同,这里的强度试验不需要回填土。

2. 换热站内管道和设备的试验

站内所有系统均应进行严密性试验。试验压力为 1.25 倍设计压力,且不得低于 0.6 MPa。试验前,管道各种支、吊架应已安装调整完毕,安全阀、爆破片及仪表组件等应已拆除或加盲板隔离,加盲板处应有明显的标记并做记录,安全阀全开,填料密实。试验管道与无关系统应采用盲板或采取其他措施隔开,不得影响其他系统的安全。

(四)泄水

试验结束后应及时排尽管内积水、拆除试验用临时加固装置。排水时不得形成负压,试验用水应排到指定地点,不得随意排放,不得污染环境。

(五)填写试压记录表(表 3-10、表 3-11)

表 3-10　供热管道水压试验记录表

供热管道水压试验记录			编号	
工程名称				
施工单位				
试压范围 (起止桩号)			公称直径	mm
试压总长度 (m)				
设计压力 (MPa)			试验压力 (MPa)	
允许压力降 (MPa)			实际压力降 (MPa)	
稳压时间 (min)	试验压力下		试验日期	年　月　日
	设计压力下			

试验中情况:

试验结论:

监理(建设) 单位	设计单位	施工单位		
		技术负责人	试验人员	质检员

注:本表由施工单位填写,城建档案馆、建设单位、施工单位保存。

表 3-11　设备强度/严密性试验记录表

设备强度/严密性试验记录					编号	
工程名称						
施工单位						
设备名称					设备位号	
试验性质	□强度试验　　□严密性试验				试验日期	年　月　日
环境温度		试验介质温度			压力表精度	级
试验部位	设计压力（MPa）	设计温度（℃）	最大工作压力（MPa）	工作介质	试验压力（MPa）	试验介质
壳程						
管程						

试验要求：

试验情况记录：

试验意见及结论：

监理(建设)单位	施工单位	

注：本表由施工单位填写，城建档案馆、建设单位、施工单位保存。

二、清洗（图 3-59）

（一）准备工作

（1）供热管网的清洗应在试运行前进行。

（2）清洗方法应根据设计及供热管网的运行要求、介质类别而定，可分为人工清洗、水力冲洗和气体吹洗。当采用人工清洗时，管道的公称直径应大于或等于 800 mm；蒸汽管道应采用蒸汽吹洗。

（3）清洗前应编制清洗方案，并应报有关单位审批。方案中应包括清洗方法、技术要求、操作及安全措施等内容。清洗前应进行技术、安全交底。

（4）清洗前，应将系统内的减压阀、疏水阀、流量计和流量孔板（或喷嘴）、滤网、温度计的插入管、调节阀芯和止回阀芯等拆下并妥善存放，待清洗结束后方可复装。

图 3-59　清洗

（5）不与管道同时清洗的设备、容器及仪表管等应隔开或拆除。

（6）清洗前，要根据情况对支架、弯头等部位进行必要的加固。

（7）供热的供水和回水管道及给水和凝结水管道，必须用清水冲洗。

（二）水力冲洗

供热管道用水冲洗应符合下列要求：

（1）冲洗应按主干线、支干线、支线的顺序分别进行，二级管网应单独进行冲洗。冲洗前应先满水浸泡管道。冲洗水流方向应与设计的介质流向一致。

（2）冲洗进水管的截面积不得小于被冲洗管截面积的 50％，排水管截面积不得小于进水管截面积。

（3）冲洗应连续进行，管内的平均流速不应低于 1 m/s。

（4）水力冲洗应以排水水样中固形物的含量接近或等于冲洗用水中固形物的含量为合格。

（5）水力清洗结束后应打开排水阀门排污，合格后应对排污管、除污器等装置进行人工清洗。

（三）蒸汽吹洗

供热管道用蒸汽吹洗应符合下列要求：

（1）蒸汽吹洗的排气管应引出室外（或检查室外），管口不得朝下并应设临时固定支架，以承受吹洗时的反作用力。

（2）吹洗出口管在有条件的情况下，以斜上方 45°为宜。距出口 100 m 范围内，不得有人工作或怕烫的建（构）筑物。必须划定安全区、设置标志，在整个吹洗作业过程中，应有专人值守。

（3）为了管道安全运行，蒸汽吹洗前应先缓慢升温进行暖管，暖管速度不宜过快，并应及时疏水。

（4）吹洗使用的蒸汽压力和流量应按设计计算确定。吹洗压力不应大于管道工作压力的 75%。

（5）蒸汽吹洗应以出口蒸汽无污物为合格。

三、试运行

（一）准备工作

（1）换热站在试运行前，站内所有系统和设备须经有关各方预验收合格，完成管道清洗并且供热管网与热力用户系统已具备试运行条件。

（2）试运行方案应由建设单位、设计单位、施工单位、监理单位和接收管理单位审查同意并应进行技术交底。

（二）试运行的要求

试运行应符合下列要求：

（1）供热管线工程应与换热站工程联合进行试运行。

（2）试运行应在设计参数下进行。试运行时间应为达到试运行参数条件下连续运行 72 h。试运行应缓慢升温，升温速度不得大于 10 ℃/h。在低温试运行期间，应对管道、设备进行全面检查，支架的工作状况应做重点检查。在低温试运行正常以后，方可缓慢升温至试运行温度下运行。

（3）在试运行期间，管道法兰、阀门、补偿器及仪表等处的螺栓应进行热拧紧。

（4）试运行期间出现不影响整体试运行安全的问题，可待试运行结束后处理；当出现需要立即解决的问题时，应先停止试运行，然后进行处理。问题处理完后，应重新进行 72 h 试运行。

（5）蒸汽管网工程的试运行应带热负荷进行，试运行前应进行暖管，暖管合格后方可略开启阀门，缓慢提高蒸汽管的压力。

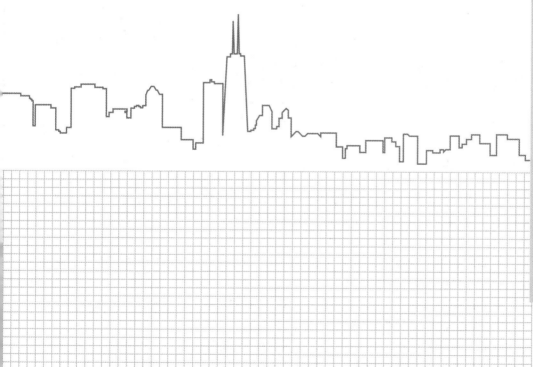

工作手册 4

市政燃气管道开槽施工

工 程 描 述

　　本工程总长 3075 米。本项目主管管材选用 SDR11（PE80）系列 PE 管，燃气规划管径为 $de315$，主管线沿北侧人行道下敷设，具体位置详见横断面图，工程为一般地段管线敷设和跨越段管线敷设（共 7 处）。一般地段线路采用开挖直埋方式敷设，跨越段线路采用随桥敷设。

学 习 目 标

知识目标

（1）掌握市政燃气管道施工图的识读方法。

（2）掌握市政燃气管道开槽的施工工艺。

（3）掌握市政燃气管道功能试验方法。

能力目标

（1）能够参与图纸会审和施工方案审查。

（2）能够根据市政工程质量验收方法及验收规范进行市政燃气管道质量检验、验收和评定。

（3）能够参与调查、分析质量事故，提出处理意见。

素质目标

（1）具有分析问题、解决问题的能力。

（2）具有尊重生命、热爱劳动的品质。

（3）具有良好的职业道德修养，能遵守职业道德规范。

学 习 导 读

　　本手册从识读燃气管道施工图纸开始，介绍了一套完整的燃气管道施工图的组成和识读方法；在熟悉施工图纸的基础上，按照燃气管道开槽施工工艺流程进行施工过程讲解；最后进行管道施工质量检查与验收，直接体验管道施工的真实过程。

　　施工过程：识读施工图纸→施工放线→施工降排水→沟槽开挖与支撑→管道安装→管道功能性试验→沟槽回填。

　　施工放线、施工降排水、沟槽开挖与支撑、沟槽回填等知识在前述工作手册已经介绍，不再赘述，此处只介绍与其他管道施工的不同点。

　　市政燃气管道常用的管材有钢管、球墨铸铁管、塑料管等。本部分将主要介绍聚乙烯管和钢骨架聚乙烯复合管施工，球墨铸铁管的施工参照工作手册1市政给水管道开槽施工，钢管的施工参照工作手册3市政热力管道开槽施工。

任务 1　市政燃气管道施工图识读

一、城镇燃气输配系统的组成与分类

燃气是由多种可燃气体(包括甲烷、一氧化碳、氢和碳氢化合物等)和不可燃气体(包括二氧化碳、氮等)组成的混合气体。城镇燃气通常分为四大类:天然气、人工煤气、液化石油气及沼气。天然气作为城市用气的主供气源,具有燃烧时发热量大、清洁环保、易调节、使用方便等特点,是城市中的一种理想能源。

燃气经长距离输气系统送至城市门站,在门站经调压、计量、加臭后由城市燃气管网系统输送分配到居民、公建、工业等各类用户使用。通常,城市燃气管道系统是指自气源厂或城市门站起至各类用户引入管的所有室外燃气管道。

城市燃气输配系统一般由城市门站、储配站、调压站、监控与调度中心、维护管理中心、燃气管道组成,如图 4-1 所示。

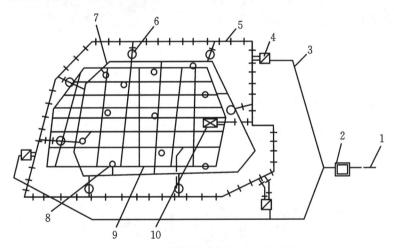

图 4-1　某区域燃气管网的系统布置图

1—长输管线;2—城镇燃气分配站;3—郊区高压管道(1.2 MPa);4—储气站;5—高压管网;

6—高/中调压站;7—中压管网;8—中/低压调压站;9—低压管网;10—煤制气厂

1. 城市门站(图 4-2)

城市燃气门站是燃气自长输管线进入城市管网的接收站,亦是城市分配站,具有检测、过滤、计量、调压、加臭、分配和远程遥测/遥控等功能。

2. 储配站(图 4-3)

燃气储配站,是接受气源来气并进行净化、加臭、储存、供气压力控制、气量分配以及计量和气质检测的设施,是城市燃气输配系统中储存和分配燃气的设施。其主要任务是根据燃气调度中心的指令,使燃气输配管网达到所需压力和保持供气与需气之间的平衡。

图 4-2　城市燃气门站

图 4-3　燃气储配站

3.调压站（图 4-4）

调压站是城市燃气输配系统中自动调节并稳定管网中压力的设施。燃气调压站内除燃气调压器、管道及其附件外，还设有过滤器、测量仪表、控制装置和安全装置等。

图 4-4　燃气调压站

4. 监管与调度中心（图 4-5）

为了达到燃气的供需平衡，确保安全供应，维持最佳工况和经济运行状况，由城市监控与调度中心收集燃气的气源、输配和应用方面的情报，对资料进行整理、分析、预测和判断，然后发出生产、输配、运行的指令。

图 4-5　监控与调度中心

5. 燃气管道

（1）燃气管道的分类。

我国城镇燃气管道设计压力有多种，具体如表 4-1 所示。

表 4-1　燃气管道的分类

名称		压力 P/MPa
高压燃气管道	高压燃气管道 A	$2.5 < P \leqslant 4.0$
	高压燃气管道 B	$1.6 < P \leqslant 2.5$
次高压燃气管道	次高压燃气管道 A	$0.8 < P \leqslant 1.6$
	次高压燃气管道 B	$0.4 < P \leqslant 0.8$
中压燃气管道	中压燃气管道 A	$0.2 < P \leqslant 0.4$
	中压燃气管道 B	$0.01 < P \leqslant 0.2$
低压燃气管道		$P < 0.01$

高压 A 输气管通常是贯穿省、地区或连接城市的长输管线，它有时构成了大型城市输配管网系统的外环网。城市燃气管网系统中各级压力的干管，特别是中压以上压力较高的管道，应连成环网，初建时也可以是半环形或枝状管道，但应逐步构成环网。

高压 B 燃气管道构成大城市输配管网系统的外环网。高压 B 燃气管道也是给大城市供气的主动脉。高压燃气必须通过调压站才能送入中压管道、高压储气罐以及需要高压燃气的大型工厂企业。

次高压燃气管道，应采用钢管；中压和低压燃气管道宜采用聚乙烯管、机械接口球墨铸铁管、钢管或钢骨架聚乙烯塑料复合管，各种管材的性能应符合有关标准的规定。

中压 B 和中压 A 管道必须通过区域调压站、用户专用调压站才能给城市分配管网供气，或给工厂企业、大型公共建筑用户以及锅炉房供气。

燃气管道之所以要根据输气压力来分级，是因为燃气管道的严密性与其他管道相比，有特别严格的要求，漏气可能导致火灾、爆炸、中毒或其他事故。燃气管道中的压力越高，管道接头脱开或管道本身出现裂缝的可能性和危险性也越大。当管道内燃气的压力不同时，对管道材质、安装质量、检验标准和运行管理的要求也不同。

（2）常用燃气管材。

常用燃气管材有以下几种。

① 钢管：常用的钢管主要有焊接钢管和无缝钢管，如图 4-6 所示。钢管具有自重轻、强度高、抗应变性能好、接口操作方便、承受管内压力较高等优点，但钢管的耐腐蚀性能差，使用前应进行防腐处理。

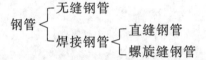

（a）直缝钢管　　　　　　（b）螺旋缝钢管　　　　　　（c）无缝钢管

图 4-6　燃气钢管

② 球墨铸铁管：球墨铸铁管的抗拉强度、抗弯曲及抗冲击能力不如钢管，但其抗腐蚀性比钢管好，在中、低压燃气管道中被广泛采用。

③ 塑料管：燃气管道采用的塑料管为聚乙烯管和钢骨架聚乙烯复合管，将在任务2 中详述。与钢管、铸铁管相比较，塑料管具有材质轻、耐腐蚀性好、施工方便等优点，但机械强度较低，适用于环境温度在 $-5\sim60\ ℃$ 范围内的中低压燃气管道。由于塑料管的刚性较差，施工时必须夯实槽底土。

二、燃气管道施工图识读

燃气管道施工图的识读是保证工程施工质量的前提，一套完整的燃气管道施工图包括目录、施工说明、主要材料及设备表、管线平面图及其他大样图等，识读方法与前述章节相同，下面就针对图 4-7 和图 4-8 中特殊的设备和设施进行讲述。

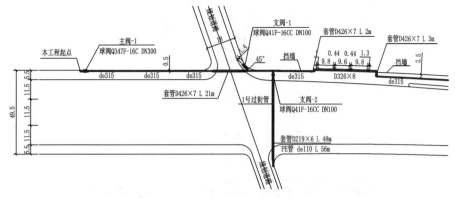

图 4-7　平 面 图

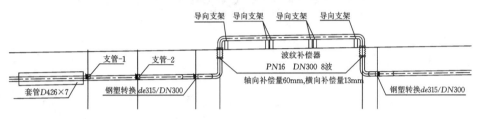

图 4-8　纵断面图

（一）管道穿越道路

管道穿越道路采用钢制套管，大样图如图 4-9 所示。

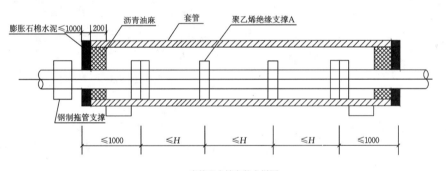

套管及支撑安装大样图

燃气PE管直径	de40	de63	de90	de110	de160	de200	de250	de300
套管直径	DN80	DN100	DN200	DN200	DN250	DN300	DN350	DN400
H/m	1.5	1.5	1.5	1.5	2	2	2	2

说明：1. 本图适用于PE管穿越道路处使用。
　　　2. 套管管材可选用钢管，防腐为特加强级防腐，防腐材料为聚乙烯胶带。

图 4-9　套管及支撑安装大样图

（二）球阀井

球阀是城镇燃气管道中最常用的阀门，本项目采用的是放散式球阀（如图 4-10），阀门井如图 4-11 所示。

图 4-10 放散式球阀

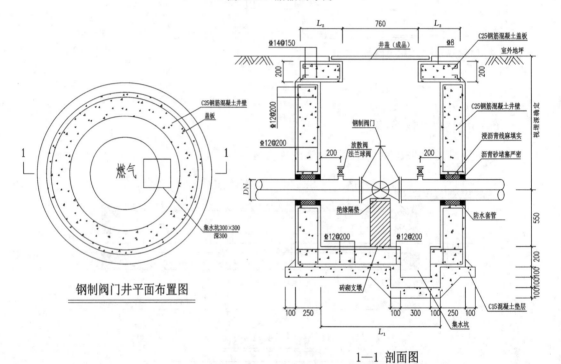

钢制阀门井平面布置图

1—1 剖面图

阀门井尺寸及型号表

钢制阀门类型	钢制管道 DN	防水套管 DN	放散阀 DN	L_1/mm	L_2/mm
Q41F-16CC	DN100	DN200	DN25	1200	420
Q347F-16C	DN150	DN250	DN50	1200	420

图 4-11 圆形球阀井

（三）钢塑转换接头

当 PE 管与钢管连接时，必须采用钢塑转换接头，如图 4-12 所示。

图 4-12 钢塑转换接头

（四）管道随桥敷设（如图 4-13）

燃气过桥管道导向支架大样图，如图 4-14 所示。

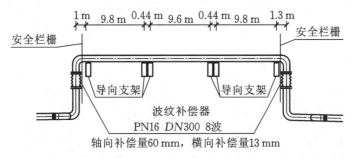

图 4-13 燃气管道随桥敷设

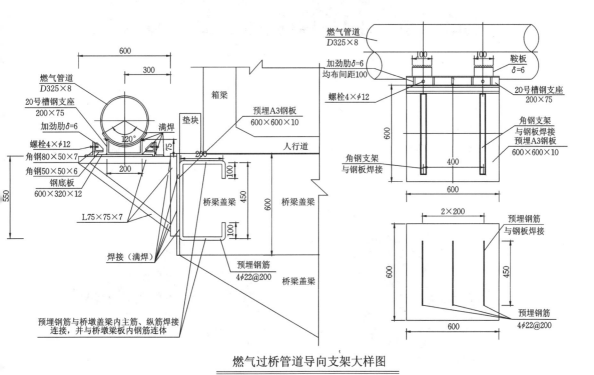

燃气过桥管道导向支架大样图

图 4-14 燃气过桥管道导向支架大样图

聚乙烯管和
钢骨杂聚乙
烯燃气复合管
施工微课（一）

聚乙烯管和
钢骨杂聚乙
烯燃气复合管
施工微课（二）

任务 2　聚乙烯管和钢骨架聚乙烯复合管施工

聚乙烯（PE）管（图 4-15）是以聚乙烯树脂为主要原料，添加一定量的热稳定剂、着色剂和加工助剂经挤出成型制成的。热稳定剂也叫抗氧剂，作用是延缓或抑制聚乙烯在加工过程中的高温氧化；着色剂（或叫光稳定剂），在聚乙烯管道原料中一般为黑色或蓝色，主要是为了防止降解和起警示的作用；加工助剂的作用是提高聚乙烯的加工性能。聚乙烯（PE）管根据所承受的压力不同，可分为 PE80 和 PE100。

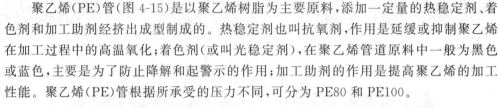

图 4-15　聚乙烯（PE）管

聚乙烯（PE）管具有良好的卫生性能、卓越的耐腐蚀性能、长久的使用寿命、较好的耐冲击性、可靠的连接性能、良好的施工性能等优点；但其强度不如金属管，并且不能长期裸露于空气中阳光下，容易老化。

钢骨架聚乙烯复合管（图 4-16）指在聚乙烯芯管上交叉缠绕经过热熔胶涂覆的高强度钢丝，并挤出一层高强度热熔胶形成增强层，外层包覆聚乙烯保护套的一种新型复合管材。

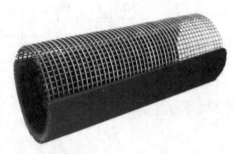

图 4-16　钢骨架聚乙烯复合管

　　钢骨架聚乙烯复合管具有耐压等级高,耐腐蚀性能好,耐温性好,刚性、耐冲击性好,使用寿命长等优点。但其连接需要管件,不宜热熔对接。

一、管材、管件和阀门的运输

　　(1) 管材、管件和阀门搬运时,应小心轻放,不得抛、摔、滚、拖,如图 4-17 所示。当采用机械设备吊装管材时,应采用非金属绳(带)绑扎管材两端后吊装。

吊车吊钩直接挂钩管材两端口

卸车过程直接将管材抛下,且一端着地

图 4-17　管材搬运的错误做法

　　(2) 管材运输时,应水平放置在带挡板的平底车上或平坦的船舱内,堆放处不得有损伤管材的尖凸物,应采用非金属绳(带)捆扎、固定,管口应采取封堵保护措施。

　　(3) 管件、阀门运输时,应按箱逐层码放整齐、固定牢靠。

　　(4) 在运输过程中不应受到暴晒、雨淋、油污及化学品污染。

二、管材、管件和阀门的贮存

（1）管材、管件和阀门应按不同类型、规格和尺寸分别存放，并应遵照"先进先出"原则。

（2）管材、管件和阀门应存放在仓库（存储型物流建筑）或半露天堆场（货棚）内。仓库（存储型物流建筑）或半露天堆场（货棚）的设计应符合现行国家标准《建筑设计防火规范（2018年版）》（GB 50016—2014）和《物流建筑设计规范》（GB 51157—2016）的有关规定。存放在半露天堆场（货棚）内的管材、管件和阀门不应受到暴晒、雨淋，应有防紫外线照射措施；仓库的门窗洞口应有防紫外线照射措施。

（3）管材、管件和阀门应远离热源，严禁与油类或化学品混合存放。

（4）管材应水平堆放在平整的支撑物或地面上，管口应采取封堵保护措施。当直管采用梯形堆放或两侧加支撑保护的矩形堆放时，堆放高度不宜超过1.5 m；当直管采用分层货架存放时，每层货架高度不宜超过1 m，如图4-18所示。

图 4-18　管材、管件的堆放

（5）管件和阀门应成箱存放在货架上或叠放在平整地面上；当成箱叠放时，高度不宜超过1.5 m。在使用前，不得拆除密封包装。

（6）管材、管件和阀门在室外临时存放时，管材管口应采用保护端盖封堵，管件和阀门应存放在包装箱或储物箱内，并应采用遮盖物遮盖，防日晒、雨淋。

三、沟槽开挖与地基处理

（一）沟槽开挖

管道沟槽的沟底宽度和工作坑尺寸，应根据现场实际情况和管道敷设方法确定，并应按下列公式计算：

单管敷设（沟边连接）：

$$a = d_n + 0.3 \tag{4-1}$$

双管同沟敷设（沟边连接）：

$$a = d_{n1} + d_{n2} + s + c \tag{4-2}$$

式中：a——沟底宽度（m）；

d_n——管道公称外径（m）；

d_{n1}——第一条管道公称外径(m);

d_{n2}——第二条管道公称外径(m);

s——两管之间设计净距(m);

c——工作宽度(m)。在沟底组装:$c=0.6$ m;在沟边组装:$c=0.3$ m。

当管道必须在沟底连接时,可采用挖工作坑或加大沟底宽度的方法。

梯形槽(如图 4-19)上口宽度可按下式计算:

$$b=a+2nh \qquad (4-3)$$

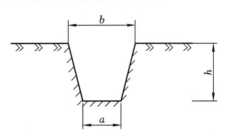

图 4-19 梯形槽上口宽度计算

式中:b——槽上口宽度(m);

a——沟槽底宽度(m);

n——沟槽边坡率(边坡的水平投影与垂直投影的比值);

h——沟槽深度(m)。

(二)管道地基的处理

(1)对于软土地基,当地基承载能力不满足设计要求或由于施工降水、超挖等原因导致地基原状土被扰动而影响地基承载能力时,应按设计要求对地基进行加固处理;地基承载能力达到规定后,还应在地基上铺垫不小于 150 mm 中粗砂基础层。

(2)当沟槽底为岩石或坚硬物体时,铺垫中粗砂基础层的厚度不应小于 150 mm。

(3)在地下水水位较高、流动性较大的场地内,当管道周围土体可能发生细颗粒土流失的情况时,应沿沟槽在底部和两侧边坡上铺设土工布加以保护,如图 4-20 所示,且土工布单位面积的质量不宜小于 250 g/m²。

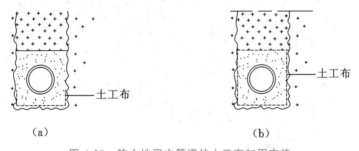

图 4-20 软土地层中管道的土工布加固方法

(4)当同一敷设区段内的地基刚度相差较大时,应采用换填垫层或其他有效措施减少管道的差异沉降,垫层厚度应满足设计要求,且不应小于 300 mm。

四、下管

(1)管道应在沟底标高和管沟基础质量检查合格后,方可敷设。

(2)管道连接前,应将管材沿管线方向排放在沟槽边。当采用承插连接时,插口插入方向应与水流方向一致。

(3)下管时,应采用非金属绳(带)捆扎和吊运,不得采用穿心吊装,且管道不得划伤、扭曲或产生过大的拉伸和弯曲。

（4）采用承插式连接、法兰连接、钢塑转换接头连接时，宜人工下管且在沟槽内连接；槽深大于 3 m 或管外径大于 400 mm 时，宜用非金属绳索兜住管节下管；严禁将管节翻滚抛入槽中。

（5）采用电熔连接、热熔对接连接时，宜在沟槽边上将管道分段连接后以弹性铺管法移入沟槽；移入沟槽时，管道表面不得有明显的划痕。

五、管口连接

直径在 90 mm 以上的聚乙烯燃气管材、管件，可采用热熔对接连接或电熔连接；直径小于 90 mm 的聚乙烯管材及管件宜采用电熔连接；聚乙烯燃气管道和其他材质的管道、阀门、管路附件等连接应采用法兰或钢塑转换接头连接。

钢骨架聚乙烯复合管道的连接采用电熔连接或法兰连接。

（一）热熔连接

（1）应根据聚乙烯管材、管件或阀门的规格选用适应的机架和夹具。热熔焊机如图 4-21 所示。

图 4-21　热熔焊机

（2）在固定连接件时，应将连接件的连接端伸出夹具，伸出的自由长度不应小于公称外径的 10%，如图 4-22 所示。

（3）移动夹具应使待连接件的端面接触，并应校直到同一轴线上，错边量不应大于壁厚的 10%。

（4）连接部位应擦净，并应保持干燥，待连接件端面应进行铣削，如图 4-23 所示，使其与轴线垂直。连续切屑的平均厚度不宜大于 0.2 mm，铣削后的熔接面应保持洁净。

（5）铣削完成后，移动夹具使待连接件对接管口闭合，如图 4-24 所示。待连接件的错边量不应大于壁厚的 10%，且接口端面对接面最大间隙应符合表 4-2 的规定。

图 4-22　固定管道

图 4-23　铣削

图 4-24　管口闭合

表 4-2　接口端面对接面最大间隙

管道元件公称外径 d_n/mm	接口端面对接面最大间隙/mm
$d_n \leqslant 250$	0.3
$250 < d_n \leqslant 400$	0.5
$400 < d_n \leqslant 630$	1.0

（6）放入加热板加热，如图 4-25 所示，大约 210 s。PE 管材的焊接温度是（220±10）℃，冬季气温低，焊接温度可设置为 230 ℃。

图 4-25　加热板加热

（7）吸热时间达到规定要求后，应迅速撤出加热板，待连接件加热面熔化应均匀，不得有损伤，如图 4-26 所示。

图 4-26　管道热熔接口

（8）在规定的时间内使待连接面完全接触，并应保持规定的热熔对接压力。

（9）接头冷却应采用自然冷却。在保压冷却期间，不得拆开夹具，不得移动连接件或在连接件上施加任何外力。

（10）热熔对接连接质量检验应符合下列规定：

① 连接完成后，应对接头进行100％的翻边对称性、接头对正性检验和不少于10％的翻边切除检验。

② 翻边对称性检验的接头应具有沿管材整个圆周平滑对称的翻边，翻边最低处的深度（A）不应低于管材表面（图4-27）。

③ 接头对正性检验时，焊缝两侧紧邻翻边的外圆周的任何一处错边量（V）不应超过管材壁厚的10％（图4-28）。

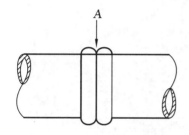 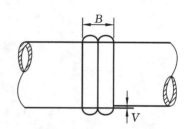

图4-27 翻边对称性检验　　　　图4-28 接头对正性检验

（二）电熔承插连接

（1）管材的连接部位应擦净，并应保持干燥；管件应在焊接时再拆除封装袋。

（2）当管材的不圆度影响安装时，应采用整圆工具对插入端进行整圆。

（3）应测量电熔管件的承口长度，并在管材或插口管件的插入端标出插入长度，如图4-29所示，刮除插入段表皮的氧化层，刮削0.1～0.2 mm的表皮厚度，并应保持洁净，如图4-30所示。

 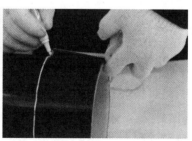

图4-29 测量电熔管件承口长度、插入长度

（4）将管材或插口管件的插入端插入电熔管件承口内至标记位置，同时应对配合尺寸进行检查，避免强力插入。

（5）校直待连接的管材和管件，使其在同一轴线上，并应采用专用夹具固定，固定可靠后方可通电焊接。

（6）通电加热焊接时，电压或电流、加热时间等焊接参数的设定应符合电熔连接熔接设备和电熔管件的使用要求，如图4-31所示。

图 4-30　刮除表皮的氧化层

图 4-31　通电加热焊接

（7）接头冷却应采用自然冷却。在冷却期间，不得拆开夹具，不得移动连接件或在连接件上施加任何外力。

（8）电熔承插连接质量检验应符合下列规定：

① 电熔管件端口处的管材周边应有明显刮皮痕迹和明显的插入长度标记。

② 接缝处不应有熔融料溢出。

③ 电熔管件内电阻丝不应挤出（特殊结构设计的电熔管件除外）。

④ 电熔管件上观察孔中应能看到有少量熔融料溢出，但溢料不得呈流淌状，如图4-32 所示。

图 4-32　电熔承插连接质量检验

（三）电熔鞍形连接

（1）应采用机械装置固定干管连接部位的管段，使其保持直线度和圆度。

（2）应将管材连接部位擦拭干净，并应采用刮刀刮除管材连接部位的表皮氧化层。

（3）通电前，应将电熔鞍形连接管件用机械装置固定在管材连接部位，如图 4-33 所示。

图 4-33 电熔鞍形连接

（4）通电电压、加热及冷却时间应符合相关标准规定或电熔管件供应商的要求。

（5）电熔连接冷却期间，不得移动连接件或在连接件上施加任何外力。

（6）电熔鞍形连接质量检验应符合下列规定：

① 电熔鞍形管件周边的管材上应有明显刮皮痕迹。

② 鞍形分支或鞍形三通的出口应垂直于管材的中心线。

③ 管材壁不应塌陷。

④ 熔融料不应从鞍形管件周边溢出。

⑤ 鞍形管件上观察孔中应能看到有少量熔融料溢出，但溢料不得呈流淌状。

（四）法兰连接

（1）聚乙烯法兰连接件与聚乙烯管道的连接（图 4-34）应符合下列规定：

① 应将法兰盘套入待连接的法兰连接件的端部。

② 应按《聚乙烯燃气管道工程技术标准》（CJJ 63—2018）规定的热熔连接或电熔连接的要求，将聚乙烯法兰连接件平口端与聚乙烯管道进行连接。

CJJ 63—2018

图 4-34 聚乙烯管法兰连接

（2）法兰密封面应正确对中（轴向和径向），法兰密封面的平行度和对中的允差应符合如图 4-35 所示要求。法兰接头中心线错口≤1.5 mm；法兰接头密封面的不平行度≤0.8 mm；法兰螺栓孔应对准，孔与孔之间的偏移不大于 3 mm；紧螺栓前，法兰密封面的间隙应不大于垫片厚度的 2 倍；螺栓孔与螺栓直径应配套，螺栓规格应一致，螺母应在同一侧。

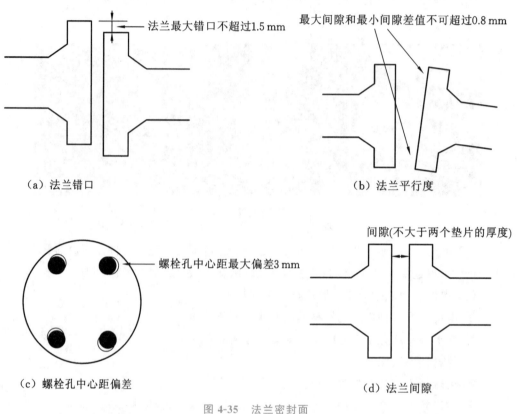

图 4-35　法兰密封面

（3）紧固法兰盘上的螺栓应按对称顺序分次均匀紧固，不得强力组装；螺栓拧紧后宜伸出螺母 1～3 扣。法兰盘在静置 8～10 h 后，应二次紧固，如图 4-36 所示。

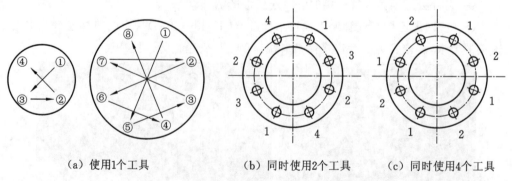

图 4-36　法兰盘上螺栓的十字交叉上紧顺序

（4）法兰密封面、密封件不得有影响密封性能的划痕、凹坑等缺陷，材质应符合输送城镇燃气的要求。

GB/T 51455
—2023

（5）法兰盘、紧固件应经防腐处理，并应满足设计要求。

（五）钢塑转换管件连接

（1）钢塑转换管件的聚乙烯管端与聚乙烯管道或管件的连接应符合《聚乙烯燃气管道工程技术标准》(CJJ 63—2018)和前文中热熔连接或电熔连接的相关规定。

（2）钢塑转换管件的钢管端与金属管道的连接应符合现行行业标准《城镇燃气输配工程施工及验收标准》(GB/T 51455—2023)的有关规定。

（3）钢塑转换管件的钢管端与钢管焊接时，应对钢塑过渡段采取降温措施。

（4）钢塑转换管件连接后应对接头进行防腐处理，防腐等级应满足设计要求，并应检验合格。

六、管道附件与设备安装

（一）阀门安装

1. 常用阀门类型

城市燃气输配管网常用的阀门有闸阀、旋塞阀、截止阀、球阀和蝶阀等，闸阀、截止阀和蝶阀等在前面已经介绍，本部分着重介绍球阀和旋塞阀。

（1）球阀（图 4-37）。

球阀具有旋转 90°的动作，旋塞体为球体，有圆形通孔或通道通过其轴线。球阀在管路中主要起切断、分配作用和用来改变介质的流动方向，它只需要用很小的转动力矩旋转 90°就能关闭严密。球阀最适宜用作开关、切断阀。

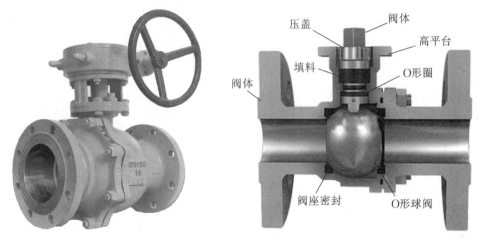

图 4-37　球阀

（2）旋塞阀（图 4-38）。

旋塞阀是关闭件或柱塞形的旋转阀，通过旋转 90°使阀塞上的通道口与阀体上的通道口相通或分开，实现开启或关闭的一种阀门。它的阀塞的形状可呈圆柱形或圆锥形。在圆柱形阀塞中，通道一般呈矩形；而在锥形阀塞中，通道呈梯形。这些形状使旋塞阀的结构变得轻巧。旋塞阀最适于作为切断和接通介质以及分流的阀门,有时也可作为节流的阀门。

图 4-38　旋塞阀

2. 安装要点

（1）安装前应检查阀芯的开启度和灵活度,并根据需要对阀体进行清洗、上油。

（2）安装有方向性要求的阀门时,阀体上的箭头方向应与燃气流向一致。

（3）法兰或螺纹连接的阀门应在关闭状态下安装,焊接阀门应在打开状态下安装。焊接阀门与管道连接时,宜采用氩弧焊打底。

（4）安装时,吊装绳索应拴在阀体上,严禁拴在手轮、阀杆传动机构上。

（5）阀门安装时,与阀门连接的法兰应保持平行,其偏差不应大于法兰外径的1.5‰,且不得大于 2 mm。严禁强力组装,安装过程中应保证受力均匀,阀门下部应根据设计要求设置承重支撑。

（6）法兰连接时,应使用同一规格的螺栓,并符合设计要求。紧固螺栓时应对称均匀用力,松紧适度,螺栓紧固后螺栓与螺母宜齐平,但不得低于螺母。

（7）在阀门井内安装阀门和补偿器时,阀门应与补偿器先组对好,然后与管道上的法兰组对。将螺栓与组对法兰紧固好后,方可进行管道与法兰的焊接。

（8）对直埋的阀门,应按设计要求做好阀体、法兰、紧固件及焊口的防腐工作。

（9）安全阀应垂直安装,在安装前必须经法定检验部门检验并铅封。

（二）凝水缸和放散管的安装

1. 凝水缸（图 4-39）

凝水缸的作用是排除燃气管道中的冷凝水和石油伴生气管道中的轻质油。铺设管线时应有一定坡度,且不小于 3‰,在管线最低点处设置燃气凝水缸,使燃气管线中的积水流到缸体中。

2. 放散管

放散管是一种专门用来排放管道内部的空气或燃气的装置。管道投入运行时,利用放散管排出管内的空气。检修管道或设备时,可利用放散管排放管内的燃气,防止在管道内形成爆炸性的混合气体。

 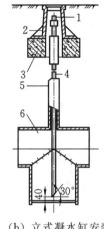 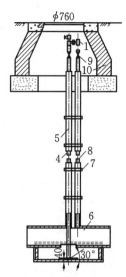

　　（a）凝水缸　　　　　（b）立式凝水缸安装　　　　（c）卧式凝水缸安装

图 4-39　凝水缸及安装

1—丝堵；2—防护罩；3—红砖垫层；4—排水管；5—套管；

6—凝水缸；7—管卡；8—循环管；9—旋塞；10—井墙

3.安装要点

（1）钢制凝水缸在安装前，应按设计要求对外表面进行防腐。

（2）安装完毕后，凝水缸的抽液管应按同管道的防腐等级进行防腐。

（3）凝水缸必须按现场实际情况，安装在所在管段的最低处。

（4）凝水缸盖应安装在凝水缸井的中央位置，出水口阀门的安装位置应合理，并应有足够的操作和检修空间。

（三）补偿器的安装

1.波纹补偿器

波纹补偿器的安装应符合下列要求：

（1）安装前应按设计规定的补偿量进行预拉伸（压缩），受力应均匀。

（2）补偿器应与管道保持同轴，不得偏斜。安装时不得用补偿器的变形（轴向、径向、扭转）等来调整管位的安装误差。

（3）安装时应设临时约束装置，待管道安装固定后再拆除临时约束装置，并解除限位装置。

2.填料式补偿器

填料式补偿器（套筒式补偿器）的安装应符合下列要求：

（1）应按设计规定的安装长度及温度变化留有剩余的收缩量，允许偏差应满足产品的安装说明书的要求。

（2）应与管道保持同心，不得歪斜。

（3）导向支座应保证运行时自由伸缩，不得偏离中心。

（4）插管应安装在燃气流入端。

（5）填料石棉绳应涂石墨粉并应逐圈装入,逐圈压紧,各圈接口应相互错开。

（四）阀门井安装

为保证管网的安全与操作方便,燃气管道的地下阀门宜设置阀门井（图 4-40）。阀门井应坚固耐久,有良好的防水性能,并保证检修时有必要的空间。井筒结构可采用砌块、现浇混凝土、预制混凝土等结构形式。

对于直埋设置的专用阀门,可以不设阀门井。阀体以下部分可直接埋在土内,但匀料箱、传动装置、电动机等必须露出地面,可用不可燃材料制作轻型箱或筒盖加以保护。

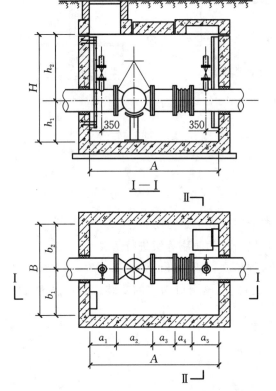
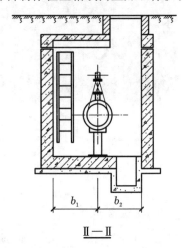

说明:
1. 本图为单管阀室(双放散)示意图,适用于小区干、支线燃气管道。
2. 阀门下设支架,支架与阀门之间需绝缘。
3. 放散管不允许在管道的焊缝上开口接出。
4. 本图按双人孔绘制。
5. 阀室的墙体材料由土建设计决定。

（a）矩形阀室示意图（带双放散）

单管阀室尺寸表

规格 D	A	a_1	a_2	a_3	a_4	a_5	B	b_1	b_2	H	h_1	h_2	人孔（个数）
DN100	2200	700	229	348	223	700	2200	1100	1100	2600	900	1700	2
DN150	2400	700	394	368	238	700	2400	1200	1200	2600	900	1700	2
DN200	2500	700	457	399	244	700	2400	1200	1200	2600	900	1700	2
DN250	2600	700	533	358	309	700	2400	1200	1200	2600	900	1700	2
DN300	2800	700	610	432	358	700	2400	1200	1200	2600	900	1700	2
DN350	3000	740	686	447	387	740	2400	1200	1200	2600	900	1700	2
DN400	3100	740	762	458	400	740	2400	1200	1200	2600	900	1700	2
DN450	3300	740	864	541	415	740	2600	1300	1300	2600	900	1700	2
DN500	3400	740	914	591	415	740	2600	1300	1300	2600	900	1700	2

（b）单管阀室尺寸表

图 4-40　矩形阀门井

七、室外架空燃气管道的施工

在管道通过障碍时或在工厂区敷设时,为了管理维修方便,通常采用架空敷设。

(一)管道支、吊架的安装

(1)管道支、吊架安装前应进行标高和坡降测量并放线,固定后的支、吊架位置应正确,安装应平整、牢固。管道支、吊架应与管道接触良好。

(2)固定支架应按设计规定安装,安装补偿器时,应在补偿器预拉伸(压缩)之后固定。

(3)导向支架或滑动支架的滑动面应洁净平整,不得有歪斜和卡滞现象。其安装位置应从支承面中心向位移反方向偏移,偏移量应为设计计算位移值的1/2或按设计规定。

(4)焊接应由有上岗证的焊工施焊,并不得有漏焊、欠焊或焊接裂纹等缺陷。管道与支架焊接时,管道表面不得有咬边、气孔等缺陷。

(二)管道的防腐

(1)涂料应有制造厂的质量合格文件。涂漆前应清除被涂表面的铁锈、焊渣、毛刺、油、水等。

(2)涂料的涂敷次序、层数、各层的表面要求及施工的环境温度应符合设计的要求和所选涂料的产品规定。

(3)在涂敷施工时,应有相应的防火、防雨(雪)及防尘措施。

(4)涂层质量应符合下列要求:

① 涂层应均匀,颜色应一致。

② 漆膜应附着牢固,不得有剥落、皱纹、针孔等缺陷。

③ 涂层应完整,不得有损坏、流淌。

(三)管道安装

(1)管道安装前应已除锈并涂完底漆。

(2)管道的焊接可参照前述热力管道焊接的要求执行。

(3)焊缝距支、吊架净距不应小于 50 mm。

(4)吹扫压力试验完成后,应补刷底漆并完成管道设备的防腐工作。

八、沟槽回填

沟槽回填在燃气管网系统试验后进行,除了依照学习手册 1 中基本施工内容外,还要注意以下要点:

(1)鉴于燃气的特殊性,地下燃气管道埋设的最小覆土厚度(路面至管顶)应符合下列要求:

① 埋设在机动车道下时,不得小于 0.9 m;

② 埋设在非机动车道(含人行道)下时,不得小于 0.6 m;

③ 埋设在机动车不可能到达的地方时,不得小于 0.3 m;

④ 埋设在水田下时,不得小于 0.8 m。

注:当不能满足上述规定时,应采取有效的安全防护措施。

（2）聚乙烯燃气管道回填材料、回填土压实系数等应符合设计要求,当设计无要求时,应符合表 4-3 的规定。

表 4-3　回填土压实系数与回填材料

填土部位		压实系数/(%)	回填材料
管道基础	管底基础	≥90	中粗砂、素土
	管道有效支撑角范围	≥95	
管道两侧		≥95	中粗砂、素土或符合要求的原土
管顶以上 0.5 m 内	管道两侧	≥90	
	管道上部	≥90	
管顶 0.5 m 以上		≥90	原土

注:回填土的压实系数,除设计要求采用重型击实标准外,其他皆以现场实际测得的干密度除以相应的轻型击实标准试验获得的最大干密度×100%得出。

（3）回填土压实后应分层检查密实度并做好回填记录,沟槽各部位的密实度应符合下列要求,如图 4-41 所示。

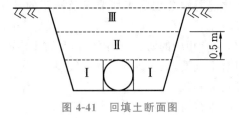

图 4-41　回填土断面图

① 对 I、II 区部位,密实度不应小于 90%;

② 对 III 区部位,密实度应符合相应地面对密实度的要求。

九、警示带敷设

（1）埋设燃气管道的沿线应连续敷设警示带。警示带敷设前应将敷设面压实,并平整地敷设在管道的正上方,距管顶宜为 0.3～0.5 m,但不得敷设于路基和路面里。

（2）警示带平面布置可按表 4-4 规定执行。

表 4-4　警示带平面布置

管道公称直径/mm	≤400	>400
警示带数量/条	1	2
警示带间距/mm		150

（3）警示带宜采用黄色聚乙烯等不易分解的材料,并印有明显、牢固的警示语,字体不宜小于 100 mm×100 mm,如图 4-42 所示。

图 4-42　警示带

十、燃气管道路面标志设置

（1）当燃气管道设计压力大于或等于 0.8 MPa 时，管道沿线宜设置路面标志。对混凝土和沥青路面，宜使用铸铁标志；对人行道和土路，宜使用混凝土方砖标志；对绿化带、荒地和耕地，宜使用钢筋混凝土桩标志。

（2）路面标志应设置在燃气管道的正上方，并能正确、明显地指示管道的走向和地下设施。设置位置应为管道转弯处、三通处、四通处、管道末端等，直线管段路面标志的设置间隔不宜大于 200 m。

（3）路面上已有能标明燃气管线位置的阀门井、凝水缸等部件时，可将该部件视为路面标志。

（4）路面标志上应标注"燃气"字样，可选择标注"管道标志""三通"及其他说明燃气设施的字样或符号，还可标注"不得移动、覆盖"等警示语。

（5）铸铁标志和混凝土方砖标志的强度和结构应考虑汽车的荷载，使用后不应松动或脱落；钢筋混凝土桩标志的强度和结构应满足不被人力折断或拔出的要求。标志上的字体应端正、清晰，并凹进表面。

（6）铸铁标志和混凝土方砖标志埋入后应与路面平齐；钢筋混凝土桩标志埋入的深度，应使回填后不遮挡字体。混凝土方砖标志和钢筋混凝土桩标志埋入后，应采用红漆将字体描红。

任务 3　燃气系统试验

一、一般规定

（1）管道安装完毕后应依次进行管道吹扫、强度试验和严密性试验。

（2）燃气管道穿（跨）越大中型河流、铁路、二级以上公路、高速公路时，应单独进行试压。

（3）管道吹扫、强度试验及中高压管道严密性试验前应编制施工方案，制定安全

燃气管道系统
试验微课

措施,确保施工人员及附近民众与设施的安全。

（4）试验时应设巡视人员,无关人员不得进入。在试验的连续升压过程中和强度试验的稳压结束前,所有人员不得靠近试验区。

（5）管道上的所有堵头必须加固牢靠,试验时堵头端严禁人员靠近。

（6）吹扫和待试验管道应与无关系统采取隔离措施,与已运行的燃气系统之间必须加装盲板且有明显标志。

（7）试验前应按设计图检查管道的所有阀门,试验段必须全部开启。

（8）在对聚乙烯管道或钢骨架聚乙烯复合管道吹扫及试验时,进气口应采取油水分离及冷却等措施,确保管道进气口气体干燥,其温度不得高于 40 ℃;排气口应采取防静电措施。

（9）试验时所发现的缺陷,必须待试验压力降至大气压后进行处理,处理合格后应重新试验。

二、管道吹扫

（一）管道吹扫的基本要求

管道吹扫应符合下列要求:

（1）吹扫范围内的管道安装工程除补口、涂漆外,已按设计图纸全部完成。

（2）管道安装检验合格后,应由施工单位负责组织吹扫工作,并应在吹扫前编制吹扫方案。

（3）应按主管、支管、庭院管的顺序进行吹扫,吹扫出的脏物不得进入已合格的管道。

（4）吹扫管段内的调压器、阀门、孔板、过滤网、燃气表等设备不应参与吹扫,待吹扫合格后再安装复位。

（5）吹扫口应设在开阔地段并加固,吹扫时应设安全区域,吹扫出口前严禁站人。

（6）吹扫压力不得大于管道的设计压力,且不应大于 0.3 MPa。

（7）吹扫介质宜采用压缩空气,严禁采用氧气和可燃性气体。

（8）吹扫设备复位后,不得再进行影响管内清洁的其他作业。

（二）气体吹扫

球墨铸铁管道、聚乙烯管道、钢骨架聚乙烯复合管道和公称直径小于 100 mm 或长度小于 100 m 的钢质管道,可采用气体吹扫。

（1）吹扫气流速度不宜小于 20 m/s,且不应大于 30 m/s。

（2）吹扫口与地面的夹角应在 30°~45°之间,吹扫口管段与被吹扫管段必须采取平缓过渡对焊,吹扫口直径应符合表 4-5 的规定。

表 4-5　吹扫口直径　　　　　　　　　　　　　　　　　　　　单位:mm

末端管道公称直径 DN	<150	150~300	≥300
吹扫口公称直径	与管道同径	150	250

（3）每次吹扫钢质管道的长度不宜大于 500 m,聚乙烯管道每次吹扫长度不宜大于 1000 m。

（4）当管道长度在 200 m 以上,且无其他管段或储气容器可利用时,应在适当部位安装吹扫阀,采取分段储气,轮换吹扫;当管道长度不足 200 m,可采用管道自身储气放散的方式吹扫,打压点与放散点应分别设在管道的两端。

（5）当目测排气无烟尘时,应在排气口设置白布或涂白漆木靶板检验,5 min 内靶上无铁锈、尘土等其他杂物为合格。

（三）清管球清扫

公称直径大于或等于 100 mm 的钢质管道,宜采用清管球进行清扫,如图 4-43 所示。

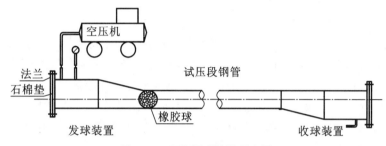

图 4-43　钢管通球装置示意图

（1）管道直径必须是同一规格的,不同管径的管道应断开分别进行清扫。

（2）对影响清管球通过的管件、设施,在清管前应采取必要措施。

（3）清管球清扫完成后,应进行检验,如不合格可采用气体吹扫至合格。

三、强度试验

强度试验应注意以下要点。

（1）试验用的压力计及温度记录仪应在校验有效期内。

（2）试验方案已经批准,有可靠的通信系统和安全保障措施,已进行技术交底。

（3）管道焊接检验合格,清扫合格。

（4）埋地管道回填土宜回填至管上方 0.5 m 以上,并留出焊接接口。

（5）管道应分段进行强度试验,试验管道分段最大长度宜按表 4-6 执行。

表 4-6　试验管道分段最大长度

设计压力 PN/MPa	试验管道分段最大长度/km
$PN \leqslant 0.4$	5
$1.6 < PN \leqslant 4.0$	10
$4.0 < PN \leqslant 6.3$	20

（6）管道试验用压力计及温度记录仪均不应少于 2 块,并应分别安装在试验管道的两端。

（7）试验用压力计的量程应为试验压力的 1.5～2 倍,其精度不得低于 1.5 级。

（8）强度试验压力和介质应符合表 4-7 的规定。

表 4-7 强度试验压力和介质

管道类型	设计压力 PN/MPa	试验介质	试验压力/MPa
钢管	$PN > 0.8$	清洁水	$1.5PN$
	$PN \leqslant 0.8$		$1.5PN$ 且 $\geqslant 0.4$
球墨铸铁管	PN	空气或惰性气体	$1.5PN$ 且 $\geqslant 0.4$
钢骨架聚乙烯复合管	PN		$1.5PN$ 且 $\geqslant 0.4$
聚乙烯管	PN（SDR11）		$1.5PN$ 且 $\geqslant 0.4$
	PN（SDR17.6）		$1.5PN$ 且 $\geqslant 0.2$

（9）水压试验时,试验管段任何位置的管道环向应力不得大于管材标准屈服强度的 90%。架空管道采用水压试验前,应核算管道及其支撑结构的强度,必要时应临时加固。试压宜在 5 ℃以上环境温度中进行,否则应采取防冻措施。

（10）进行强度试验时,压力应逐步缓升,首先升至试验压力的 50%,应进行初检,如无泄漏、异常,继续升压至试验压力,然后稳压 1 h 后,观察压力计不应少于 30 min,无压力降为合格。

（11）水压试验合格后,应及时将管道中的水放（抽）净,并按要求进行吹扫。

（12）经分段试压合格的管段相互连接的焊缝,经射线检测合格后,可不再进行强度试验。

四、严密性试验

严密性试验应注意以下要点。

（1）输配管道和厂站工艺管道均应在强度试验合格后进行严密性试验。

（2）试验用的压力计应在校验有效期内,其量程应为试验压力的 1.5～2 倍,其精度等级、最小分格值及表盘直径应满足表 4-8 的要求。

表 4-8 试验用压力表的精度等级、分格值及表盘直径

量程/MPa	精度等级	最小表盘直径/mm	最小分格值/MPa
0～0.16	0.4	150	0.001
0～0.60	0.4	150	0.005
0～1.0	0.4	150	0.005
0～1.6	0.4	150	0.01
0～2.5	0.25	200	0.01
0～4.0	0.25	200	0.01
0～6.0	0.16	250	0.01
0～10	0.16	250	0.02

(3) 低压管道严密性试验压力应为设计压力,且不应小于 5 kPa;中压及以上管道严密性试验压力应为设计压力,且不应小于 0.1 MPa。

(4) 试压时的升压速度不宜过快。对设计压力大于 0.8 MPa 的管道试压,压力分别缓慢上升至 30% 和 60% 试验压力时,应分别停止升压,稳压 30 min 后检查系统有无异常情况,如无异常情况继续升压。管内压力升至严密性试验压力后,待温度、压力稳定后开始记录。

(5) 严密性试验稳压的持续时间应为 24 h,每小时记录不应少于 1 次,修正压力降小于 133 Pa 为合格。修正压力降应按式(4-4)确定:

$$\Delta P' = (H_1 + B_1) - (H_2 + B_2)\frac{273 + t_1}{273 + t_2} \qquad (4\text{-}4)$$

式中:$\Delta P'$——修正压力降(Pa);

H_1、H_2——试验开始和结束时的压力计读数(Pa);

B_1、B_2——试验开始和结束时的气压计读数(Pa);

t_1、t_2——试验开始和结束时的管内介质温度(℃)。

(6) 所有未参加严密性试验的设备、仪表、管件,应在严密性试验合格后进行复位,然后按设计压力对系统升压,应采用发泡剂检查设备、仪表、管件及其与管道的连接处,不漏为合格。

(7) 符合《城镇燃气输配工程施工及验收标准》(GB/T 51455—2023)的规定。

工作手册 5

市政管道不开槽施工

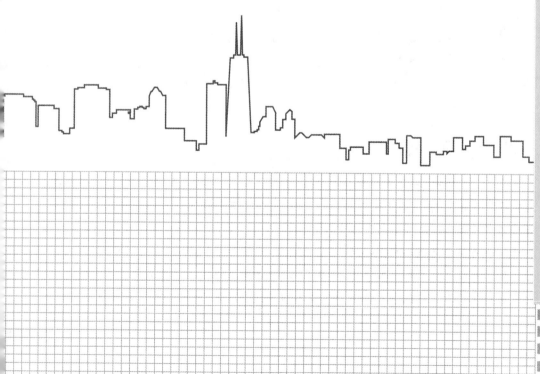

工程案例

工 程 执 行

任务1：顶管法施工。

任务2：盾构法施工。

任务3：其他不开槽施工法。

学 习 目 标

知识目标

(1) 掌握顶管法施工工艺。

(2) 掌握盾构法施工工艺。

(3) 掌握其他不开槽施工工艺。

能力目标

(1) 能正确识读施工图纸。

(2) 能针对某个施工环节参与技术复核和技术核定。

(3) 能参照编制技术交底文件。

素质目标

(1) 具有爱国、强国和以人为本的家国情怀。

(2) 具有科技强国的工匠精神。

(3) 具有团结协作、艰苦奋斗和甘于奉献的劳动精神。

学 习 导 读

　　敷设地下管道，一般采用开槽施工法，但穿越铁路、车辆来往频繁的公路、建筑物、河流等障碍物，或在城市干道下铺设时，常常采用不开槽施工法。与开槽施工法相比，管道的不开槽施工法可以大大减少开挖和回填土方量，不拆或少拆地面障碍物，不会影响地面的正常交通，管道不需设置基础和管座，不受季节影响，有利于文明施工。不开槽施工一般适用于非岩性土层，而在岩石层、含水层施工或遇到坚硬地下障碍物时，都需有相应的附加措施。管道不开槽施工的方法有很多，常用的有顶管法和盾构法。

任务1　顶管法施工

顶管法施工的工作过程如图 5-1 所示,先在顶进管道的一端建一个工作井,在工作井内修筑基础、设置导轨、安装后背和千斤顶,将敷设的管道放在导轨上,管道的最前端安装工具管。顶进前,先在管子前端开挖土方,形成井道,然后操纵千斤顶将管子顶入土中,反复操作,直到顶到设计长度为止。千斤顶支承于后座,后座支承于反力墙,千斤顶的顶力主要克服管壁与土层之间的摩擦阻力和管端切土阻力。

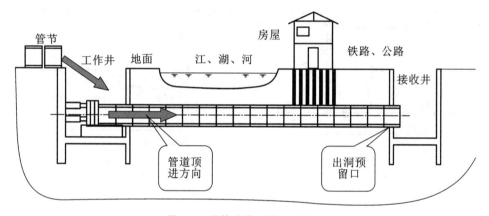

图 5-1　顶管法施工的工作过程

工作井微课

一、工作井

工作井又称竖井,是掘进顶管施工的工作场所。工作井的位置应根据地形、土质、管道设计、地面障碍物等因素确定。

(1) 应利用管线上的工艺井;

(2) 应考虑排水、出土和运输方便;

(3) 应靠近电源和水源;

(4) 应远离居民区和高压线;

(5) 应避免对周围建(构)筑物和设施产生不利的影响;

(6) 当管线坡度较大时,工作井宜设置在管线埋置较深一端;

(7) 在有曲线又有直线的顶管中,工作井宜设在直线段的一端。

(一) 工作井的种类及尺寸

根据工作井顶进方向,可分为单向井、双向井、多向井、转向井和交汇井等形式,如图 5-2 所示。

根据工作井的形状,可分为圆形、矩形和多边形三种。管线交叉的交汇井和深度

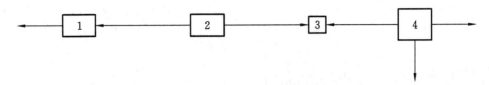

图 5-2　工作井种类

1—单向井；2—双向井；3—交汇井；4—多向井

大的工作井宜采取圆形或多边形工作井。

工作井尺寸是指工作井底的平面尺寸，它与管径大小、管节长度、覆盖深度、顶进形式、施工方法有关，并受土的性质、地下水等条件影响，还要考虑各种设备位置、操作空间、工期长短、垂直运输条件等多种因素，如图 5-3 所示。

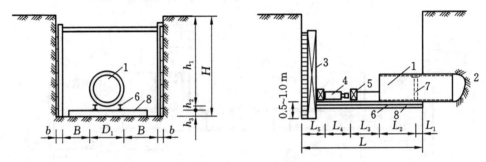

图 5-3　工作井尺寸图

1—管子；2—掘进工作面；3—后座；4—千斤顶；5—顶铁；6—导轨；7—内胀圈；8—基础

1. 工作井长度

（1）当按顶管机长度确定时，工作井的内净长度可按下列公式计算：

$$L \geqslant l_1 + l_3 + k \tag{5-1}$$

式中：L——工作井的最小内净长度（m）；

l_1——顶管机下井时最小长度（m），如采用刃口顶管机应包括接管长度；

l_3——千斤顶长度（m），一般取 2.50 m；

k——后座和顶铁的厚度及安装富余量（m），可取 $k=1.60$ m。

（2）当按下井管节长度确定时，工作井的内净长度可按下列公式计算：

$$L \geqslant l_2 + l_3 + l_4 + k \tag{5-2}$$

式中：l_2——下井管节长度（m），参考长度如下：

钢管一般可取 6.0 m，长距离可取 8.0～12.0 m；

钢筋混凝土管可取 2.5～3.0 m；

预应力钢筒混凝土管、球墨铸铁管、玻璃纤维增强塑料夹砂管可取 4.0～6.0 m；

钢筋混凝土矩形箱涵可取 1.5～3.0 m；

l_4——留在井内的管道最小长度（m），可取 $l_4=0.5$ m。

工作井的最小内净长度应按上述两种方法计算结果取大值，并考虑井内工艺接管要求综合确定。

2. 工作井宽度

工作井的宽度不仅与管道外径有关,还与井的深度有关。较浅的工作井也称作工作坑,由于工作坑深度较浅,能放在地面的设备不再下坑,如油泵车、变电箱、电焊机和顶铁等。对于较深的工作井,为了提高施工效率,诸如上述设备都要放在井下。所以前者工作坑较狭,后者较宽。

浅工作坑(井):

$$B = D_1 + (2.0 \sim 2.4) \tag{5-3}$$

深工作井:

$$B = 3D_1 + (2.0 \sim 2.4) \tag{5-4}$$

式中:B——工作坑(井)的内净宽度(m);

D_1——管道的外径(m)。

3. 工作井深度

自地面至基坑(井)底板面的深度称为工作坑(井)的深度,可按式(5-5)计算:

$$H = H_1 + D_1 + h \tag{5-5}$$

式中:H_1——管顶覆土层厚度(m);

D_1——管道的外径(m);

h——管底操作空间高度(m)。钢管和矩形箱涵可取 $h = 0.70 \sim 1.00$ m;钢筋混凝土管、预应力钢筒混凝土管、球墨铸铁管和玻璃纤维增强塑料夹砂管等可取 $h = 0.4 \sim 0.5$ m。

(二)工作井的施工

工作井的围护形式可采用板桩围护墙、型钢水泥土搅拌墙(SMW 工法)、灌注桩排桩围护墙、地下连续墙或沉井。

当工作井埋置较浅、地下水位较低、顶进距离较短时,宜选用板桩围护墙或型钢水泥土搅拌墙;在工作井埋置较深、顶管顶力较大的软土地区,工作井宜采用沉井或地下连续墙。

除沉井外其他形式的工作井,当顶力较大时皆应设置钢筋混凝土内衬及后座墙。

1. 型钢水泥土搅拌墙(SMW 工法)工作井施工

(1)场地平整。

清除施工区域内的表面障碍物,用素土回填夯实。

(2)测量放线。

按照设计图进行放样定位,确定导沟开挖边线。

(3)开挖导沟(图 5-4)。

挖掘机按照放线位置,进行导沟的开挖作业,导沟宽度根据围护结构厚度确定。

(4)搭设型钢导轨(图 5-5)。

按照设计位置来搭建型钢导轨,确定沟槽位置,按设计要求在导向定位钢板上标记出钻孔位置和 H 型钢的插入位置,定位钢板必须固定好位置,必要时用点焊进行连接固定。

图 5-4　开挖导沟

图 5-5　搭设型钢导轨和定位钢板

（5）搅拌机定位、下沉（图 5-6）。

SMW 搅拌机就位后切土下沉，直至设计标高。

图 5-6　搅拌机定位、下沉

（6）混合搅拌（图5-7）。

开机混合搅拌，三轴水泥搅拌桩在下沉和提升过程中，均匀注入水泥浆液，材料用量和水胶比应结合土质条件和机械性能等指标通过现场试验确定，一边搅拌一边注浆，使浆液和土体充分混合。

图5-7 搅拌机混合搅拌

（7）插入型钢（图5-8）。

搅拌桩施工完毕后，将涂抹好减摩材料的型钢插入，H型钢底部中心对正桩位中心，型钢的间距和平面布置形式应根据计算确定，前方混合搅拌，后方持续插入型钢。

图5-8 插入型钢

（8）回收型钢（图5-9）。

待主体结构施工完成，基坑回填完毕后，利用千斤顶将型钢逐一拔出，型钢回收处理，用水泥浆液填充型钢留下的空隙。

2. 沉井施工

沉井法施工即在钢筋混凝土井筒内挖土，井筒靠自重或加重使其下沉，直至沉至

图 5-9　回收型钢

要求的深度,最后用钢筋混凝土封底。

（1）施工准备。

施工前应对施工现场进行踏勘,了解邻近建（构）筑物、堤防、地下管线和地下障碍物等状况,按要求做好沉降位移的定期监测及监护工作。水域环境内沉井施工前还要应对洪汛、凌汛、河床冲刷、通航及漂流物等做好调查研究,并应采取相应防护措施。

施工前应设置测量控制网,进行定位放线、布置水准基点等工作。

（2）铺设垫层。

① 铺筑砂垫层前,场地应预先清理、平整和夯实。工作井底部应设置盲沟和集水井,集水井的深度宜低于基底 500 mm。清除浮土后,方可进行砂垫层的铺填工作。施工期间应做好排水工作,严禁砂垫层浸泡在水中。

② 砂垫层的铺设厚度不宜小于 600 mm,每层铺设厚度不应超过 300 mm,应逐层浇水控制最佳含水量。砂垫层宜采用颗粒级配良好的中砂、粗砂或砾砂。

③ 为防止在沉井过程中出现不均匀沉降,需在垫层上面铺垫木（图 5-10）,从而加大刃脚的支撑面积,并且保证沉井的质量。

图 5-10　垫层上面铺垫木

（3）沉井的制作。

① 沉井刃脚施工应符合下列规定:

沉井刃脚内侧与底板连接的凹槽在浇筑前应进行凿毛处理;气压沉箱刃脚应与顶

板、箱壁整浇;沉井刃脚内侧与底板连接的凹槽深度宜为 150～200 mm,连接点处不应漏水。

② 沉井模板施工应符合下列规定:

模板表面应平整光滑且具有足够的强度、刚度、整体稳定性,缝隙不应漏浆;模板的设计与安装、预埋件和预留孔洞设置偏差应符合现行国家标准《混凝土结构工程施工质量验收规范》(GB 50204—2015)的规定;沉井接高制作时,模板下端应高出地面 1000 mm 以上,如图 5-11 所示。

GB 50204—2015

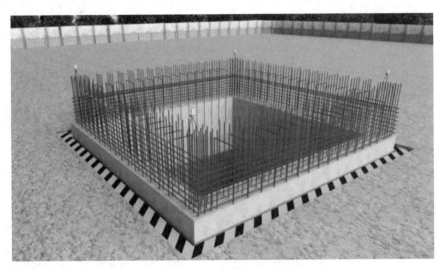

图 5-11 沉井接高施工

③ 混凝土浇筑应分层平铺,均匀对称,每层混凝土的浇筑厚度宜为 300～500 mm。

④ 沉井接高施工应符合下列规定:

a. 沉井首节制作高度应符合地基土下卧层的承载力要求;接高时,应进行接高稳定性验算,气压沉箱接高时应维持工作室内的气压稳定。

b. 井壁与后浇隔墙的连接处应加设腋脚,并预留凹槽和连接钢筋;预留连接凹槽的深度不宜小于 100 mm,连接钢筋的直径和间距应与隔墙内的水平钢筋的布置一致。

c. 沉井接高前应进行纠偏,符合终沉时的偏差允许值,接高水平施工缝宜做成凸形,应将接缝处的混凝土凿毛,清洗干净,充分润湿,并在浇筑上层混凝土前用水泥砂浆接浆。

⑤ 首节制作高度不宜大于 6 m,其余节制作高度宜控制在 6～8 m;分节制作高度不宜大于沉井的短边长度或者直径;分节制作的钢筋混凝土沉井,下沉前首节的混凝土强度必须达到设计强度,其余各节不得低于设计强度的 70%。

(4) 沉井挖土施工。

① 沉井下沉前应检查结构外观,并复核混凝土强度及抗渗等级。根据计算结果判断各阶段是否会出现突沉或下沉困难等情况,确定下沉方法和相应技术措施。

② 挖土下沉时,应分层、均匀、对称地下挖;下沉系数较大时应先挖中间部分,保留刃脚周围土体,使其切土下沉;下沉应按勤测勤纠的原则进行,如图 5-12 所示。

图 5-12　沉井挖土施工

③ 下沉前应在沉井外壁四周沿竖向标出刻度尺，下沉过程中应对井体倾斜度和下沉量进行测量，每 8 h 应至少测量 2 次。每下沉 3 m 应测量 1 次，经清土校正后方可继续挖土下沉。

④ 当沉井下沉到距离设计标高 2 m 时，应控制四角高差及下沉速度，下沉深度距设计标高应有一定的预留量，预留量宜为 50～200 mm。

（5）沉井封底。

① 沉井干封底施工应符合下列规定：

a. 沉井基底土面、分舱封底可分舱挖至设计标高，混凝土凿毛处应清理干净；

b. 在井内应设置集水井，并不间断抽除积水与排气，保持井内无积水，集水井封闭应在底板混凝土达到设计强度及符合抗浮要求后进行；

c. 沉井封底应先铺设 400～500 mm 厚的碎石或砂砾石反滤层并夯实；

d. 面积不大于 100 m² 的沉井应一次连续浇筑；

e. 面积大于 100 m² 的沉井宜分舱对称浇筑，每个分舱应连续浇筑。

② 沉井水下封底时应符合下列规定：

a. 封底混凝土与井壁结合处应清理干净；

　　b. 基底为软土层时应清除井底浮泥,修整井底,铺碎石垫层;

　　c. 水下混凝土骨料最大粒径不应大于导管内径的 1/6,水胶比不应大于 0.6,坍落度宜为 180~220 mm,并应具有一定的流动性;

　　d. 封底混凝土达到设计强度后方可抽除沉井内的水,如图 5-13 所示。

图 5-13　沉井封底

3. 地下连续墙工作井

　　地下连续墙工作井施工按照导墙施工、成槽施工、钢筋笼制作及吊装、连续墙混凝土浇筑施工工艺流程进行。

　　(1) 导墙施工(如图 5-14 所示)。

　　首先用全站仪按照设计坐标放出连续墙轴线,并放出导墙位置。

　　导墙的基底和原状土面应密贴,以防槽内泥浆渗入导墙后面。导墙墙体采用 C20 混凝土进行支模浇筑。在混凝土强度达到设计强度 75% 以上时拆模,拆模后应立即在导墙内侧每隔 1~3 m 加临时支撑,顶板加设盖板。在导墙未达到设计强度前,重型机械不得在旁边行走,以免导墙变形。完成后,对导墙内墙面垂直度及平整度、内外导墙间距、导墙顶平整度、内墙面与连续墙纵轴线平行度进行验收。

（a）导墙开挖　　　　　　　　　　（b）绑扎钢筋

（c）临时支撑　　　　　　　　　　（d）浇筑混凝土

（e）拆模　　　　　　　　　　（f）加设盖板

图 5-14　地下连续墙导墙施工

（2）成槽施工（如图 5-15 所示）。

成槽施工前，现场要设置钢筋绑扎平台、设备组装区、泥浆处理系统等，其中泥浆处理系统包括泥浆箱、制浆站、泥浆净化系统、泥浆循环管道废浆池、临时弃渣池。液压抓斗成槽机组装完成后，开始地下连续墙成槽施工。为保持沟槽土壁的稳定，需不间断地向槽中供给优质的膨润土泥浆稳定液，开挖过程中要实测垂直度，并及时纠偏，出渣装入自卸汽车运至临时弃渣场集中堆放。

成槽采用液压抓斗施工，标准槽段采用三序成槽，先挖两边，再挖中间。槽段开挖结束后，检查槽位、槽深、槽宽及槽壁垂直度，合格后可进行清槽换浆。

（3）钢筋笼制作及吊装（如图 5-16 所示）。

在制作平台上，按设计图纸的钢筋规格、型号、长度和排列间距，从下到上按横筋→纵筋→桁架→纵筋→横筋顺序铺设钢筋，钢筋交点采用焊接成形。钢筋笼绑扎完成后，要验收其长度、宽度、厚度、钢筋间距及预埋件位置。

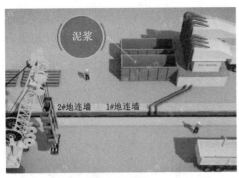

（a）泥浆池

（b）清渣

（c）先挖两边，再挖中间

图 5-15　地下连续墙成槽施工

（a）钢筋笼制作

（b）履带起重机双机抬吊

（c）吊钩中心与钢筋笼形心相重合

（d）担梁将钢筋笼固定在槽口

图 5-16　地下连续墙钢筋笼制作及吊装

钢筋笼制作前要根据钢筋笼的大小计算出钢筋笼的重心,确定出吊点位置,以保证在起吊时吊点重心与钢筋笼的重心在同一铅垂线上。吊装方法采用履带起重机双机抬吊,空中回直。

　　(4) 连续墙混凝土浇筑施工(如图 5-17 所示)。

（a）隔水球

（b）浇筑混凝土

图 5-17　地下连续墙混凝土浇筑施工

　　连续墙水下混凝土浇筑一般采用双导管法,导管根数根据分幅宽度确定。当槽段长度小于 4 m 时,可采用一根导管;大于等于 4 m 时,使用 2 根或 2 根以上导管。导管水平布置距离不大于 3 m,距离管段端部不大于 1.5 m 时,导管下端距离槽底应为 30~50 m。使用混凝土罐车对准漏斗直接浇筑混凝土,两根导管轮流浇灌确保混凝土面均匀上升。

　　开始浇灌时,先在导管内放置隔水球以便混凝土浇筑时能将管内泥浆从管底排出。在浇筑过程中随时量测混凝土面的高程,保持混凝土连续均匀下料。导管下口在混凝土内埋置深度不小于 1.5 m,边浇筑边提升导管。在浇筑过程中随时观察测量混凝土面标高和导管的埋深,严防将导管口提出混凝土面。其余单元槽段采取跳舱施工方法进行,直至所有连续墙全部浇筑完成。

二、顶进辅助设备

(一)导轨

导轨的作用是支托未入土的管段和顶铁,起导向的作用,并引导管子按设计的中心线和坡度顶进,保证管子在顶入土之前位置正确,如图 5-18 所示。

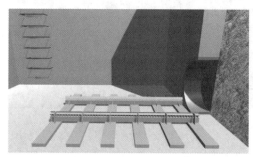

图 5-18　导轨

(1)导轨宜选用钢质材料制作;

(2)导轨安装前,应先复核管道中心位置,导轨上管道中心标高应与穿墙管中心标高相对应;

(3)两导轨安装应顺直、平行、等高,并应固定牢靠;

(4)导轨对管道的中心线支承角宜为 60°;

(5)导轨安装的允许偏差应符合表 5-1 的规定。

表 5-1　导轨安装的允许偏差

序号	项目	允许偏差/mm
1	轴线平面位置	±3
2	标高	+3~0
3	轨道内距	±2

(二)反力墙和后座

反力墙和后座是千斤顶的支撑结构,管子在顶进过程中所受到的全部阻力,可通过千斤顶传递给反力墙和后座。为了使顶力均匀地传递给反力墙,工程上常在千斤顶与反力墙之间设置木板、方木等传力构件,称之为后座,如图 5-19 所示。反力墙应具有足够的强度、刚度和稳定性,当最大顶力发生时,不允许产生相对位移和弹性变形。

(1)反力墙为沉井或地下连续墙体时,可采用拼装式后座。

(2)反力墙为原状土或桩体时,应采用整体式后座。

(3)后座面积应使反力墙后土体的承载能力满足顶力要求。

(4)后座刚度应能保障顶进方向不变。

（5）后座应与管道轴线垂直，允许不垂直度为 5 mm/m。

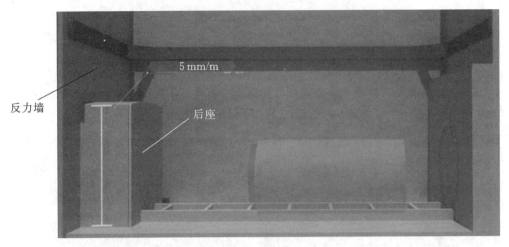

图 5-19 反力墙和后座

（三）千斤顶

千斤顶是掘进顶管的主要设备，目前多采用液压千斤顶（图 5-20）。千斤顶在工作坑内的布置与采用的个数有关，如 1 台千斤顶宜布置为单列式，2 台千斤顶宜布置为并列式，多台千斤顶则采用环周式布置，如图 5-21 所示。使用 2 台以上的千斤顶时，应使顶力的合力作用点与管壁反作用力作用点在同一轴线上，以防止产生顶进力偶，造成顶进偏差。

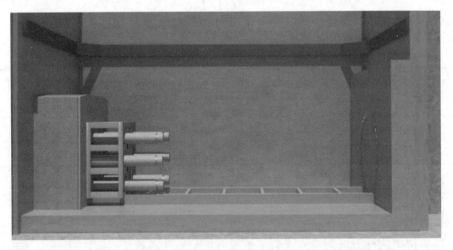

图 5-20 千斤顶

（1）千斤顶的规格和数量应根据实际需要的顶力、工作井允许顶力及管节允许顶力确定。

（2）安装在支架上的千斤顶数量宜为偶数，规格应相同，并应按管道轴线两侧对称布置，每只千斤顶均应与管轴线平行，其合力的作用点应在管道中心的铅垂线上。

（3）千斤顶的合力中心应低于管中心，其尺寸宜为管道外径的 1/10～1/8。

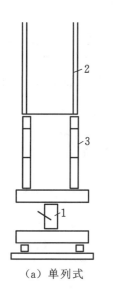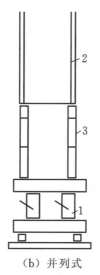

（a）单列式　　　　　　（b）并列式　　　　　　（c）环周式

图 5-21　千斤顶布置方式

1—千斤顶；2—管子；3—顶铁

（4）千斤顶应同步运行。

（四）油泵站

（1）油泵站（图 5-22）应与千斤顶相匹配，并应有备用油泵，油泵流量应满足顶进要求；

（2）油泵站宜设置在千斤顶附近，油管应顺直、转角少；

（3）除遥控顶管外，主油泵的运行应受控于顶管机；

（4）油泵站安装完毕应进行试运转。

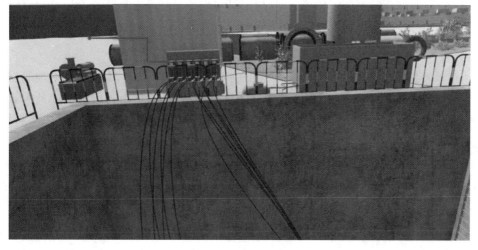

图 5-22　油泵站

（五）顶铁

顶铁是为了弥补千斤顶行程不足而设置的,是在千斤顶与管道端部之间临时设置的传力构件。其作用是将千斤顶的合力通过顶铁比较均匀地传递给管端;同时也可以调节千斤顶与管端之间的距离,起到伸长千斤顶活塞的作用。因此,顶铁两面要平整,厚度要均匀,要有足够的刚度和强度,以确保工作时不会失稳。

顶铁由各种型钢拼接制成,有 U 形、弧形和环形几种,如图 5-23 所示。其中 U 形顶铁一般用于钢管顶管,使用时开口朝上,弧形内圆与顶管的内径相同;弧形顶铁使用方式与 U 形顶铁相似,一般用于钢筋混凝土管顶管;环形顶铁是直接与管段接触的顶铁,它的作用是将顶力尽量均匀地传递到管段上。

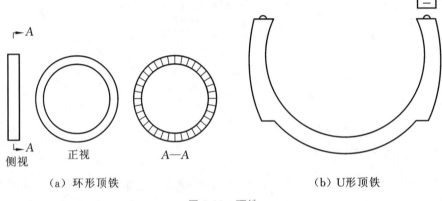

(a) 环形顶铁　　　　　　　　　　　　(b) U形顶铁

图 5-23　顶铁

（1）顶铁应满足传递顶力、便于出泥和人员出入的需要;

（2）顶铁的两个受压面应平整,互相平行;

（3）宜采用 U 形或弧形刚性顶铁;

（4）与管尾接触的环形顶铁应与管道匹配,顶铁与混凝土管或玻璃钢管之间应加木垫圈。

（六）穿墙管

穿墙管是预留在工作井壁上的供管道顶入土层的一根套管,它的作用是使管道穿墙方便。穿墙管周围为砂土时,应加固穿墙管外的土体,降低渗透系数。在地下水位以下的工作井,穿墙管应有临时封堵,沉井穿墙管可采用砖砌体或低强度水泥土封堵,地下连续墙穿墙管可用低强度水泥土或钢板封堵。

穿墙管上还要安装穿墙止水,防止坑外的泥土和地下水流入坑内。

穿墙管处于透水层或承压水层（包括砂土、粉土和砾石）,且地下水压力＞0.08 MPa,可用盘根止水穿墙管（如图 5-24 所示）;

穿墙管处于渗透系数小的黏性土层,且地下水压力≤0.08 MPa 时,可用橡胶板止水穿墙管（如图 5-25 所示）。

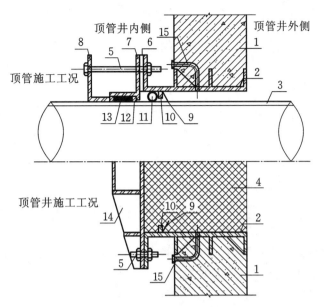

图 5-24　盘根止水穿墙管构造

1—顶管井井壁;2—穿墙套管;3—顶管管节;4—洞口封堵材料;5—高强螺栓;6—橡胶止水板;

7—止水挡板;8—止水法兰;9—挡土板;10—钢挡圈 1;11—橡胶圈;12—钢挡圈 2;

13—牛油盘根;14—闷板;15—预留注浆管,沿圆周均匀设置 3 个

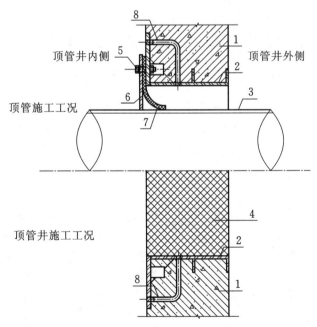

图 5-25　橡胶板止水穿墙管构造

1—顶管井井壁;2—穿墙套管;3—顶管管节;4—洞口封堵材料;5—高强螺栓;

6—插板;7—橡胶止水板;8—预留注浆管,沿圆周均匀设置 3 个

三、顶管施工

（一）顶管机

不同性能的土质应采用不同类型的顶管机：地下水位以上的顶管可采用敞开型管机；地下水位以下的顶管应采用具有平衡功能的顶管机。

1.敞开型顶管机

敞开型顶管机包含挤压式顶管机、机械式顶管机、人工挖掘顶管机三类。

（1）挤压式顶管机是依靠顶力挤压出土的顶管机，可用于流塑性土层。该方法设备简单、安全，又避免了挖装土的工序，比人工挖掘效率提高 1～2 倍。敞开型顶管机将工作面用胸板隔开后，在胸板上留有一喇叭口形的锥筒，当顶进时将土体挤入喇叭口内，土体被压缩成从锥筒口吐出的条形土柱。待条形土柱达到一定长度后，再将其割断，由运土工具吊运至地面。其结构形式如图 5-26 所示。

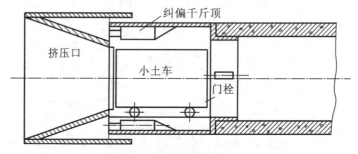

图 5-26　挤压式顶管

（2）机械式顶管机是采用机械掘进的顶管机，可用于岩层、硬土层和整体稳定性较好的土层。机械开挖式顶管在工具管的前方装有由电动机驱动的整体式水平钻机，被钻机挖下来的土体由链带输送器运出，从而代替了人工操作。整体式水平钻机的结构形式如图 5-27 所示。

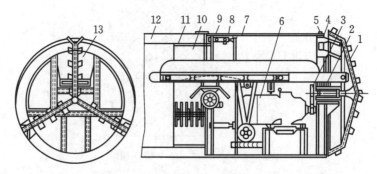

图 5-27　整体式水平钻机

1—机头刀齿架；2—轴承座；3—减速齿轮；4—刮泥板；5—偏心环；
6—减速电机；7—机壳；8—校正千斤顶；9—校正室；
10—链带输送器；11—内胀圈；12—管子；13—切削刀齿

（3）人工挖掘顶管机是采用手持工具开挖的顶管机，可用于地基强度较高的土层。工人可以直接进入工作面挖掘，施工人员可随时观察土层与工作面的稳定状态，造价低、便于掌握，但效率低，必须将水位降低至管基以下 0.5 m 后，方可施工。在土质比较稳定的情况下，首节管可以不带前面的管帽，直接由首节管作为工具管进行顶管施工，如图 5-28 所示。

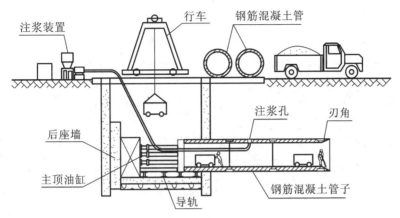

图 5-28　人工挖掘顶管机施工

2. 平衡型顶管机

平衡型顶管机分为土压平衡式顶管机、泥水平衡式顶管机、气压平衡式顶管机三类。

（1）土压平衡式顶管机是通过调节出泥舱的土压力来稳定开挖面，弃土可从出泥舱排出的顶管机，可用于淤泥和流塑性黏性土，如图 5-29 所示。

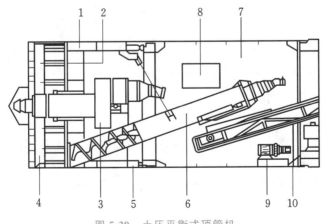

图 5-29　土压平衡式顶管机

1—前端；2—隔板；3—刀盘驱动装置；4—刀盘；5—纠偏油缸；6—螺旋输送器；
7—后端；8—操纵台；9—油压泵站；10—皮带运输机

在刀盘切削下来的土、砂中注入流动性和不透水性的"作泥材料"，然后在刀盘强制转动、搅拌下，切削下来的土变成流动性的、不透水的特殊土体并充满密封舱。

（2）泥水平衡式顶管机是通过调节出泥舱的泥水压力来稳定开挖面，弃土以泥水方式排出的顶管机，可用于粉质土和渗透系数较小的砂性土。此法和土压平衡式顶管机一样，都是在前方设有密封舱、刀盘、螺旋输送器等设备。施工时，随着工具管的推进，刀盘不停地转动，进泥管不断地进泥水，抛泥管则不断地将混有弃土的泥水抛出密封舱。在密封舱内，常采用护壁泥浆来平衡开挖面的土压力，即保持一定的泥水压力，以此来平衡土压力和地下水压力，如图 5-30 所示。

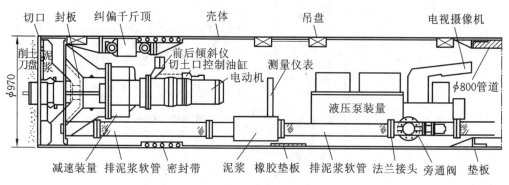

图 5-30　泥水平衡式顶管机

（3）气压平衡式顶管机是通过调节出泥舱的气压来稳定开挖面，弃土以泥水方式排出的顶管机，可用于有地下障碍物的复杂土层。气压平衡式顶管机通过一个隔板将破碎室分隔为两个区域，后面是压力室。以压力墙为界，在其上部可以形成一个压气区，平衡压力就是通过这一压气区作用于气水不平衡的工作面上，如图 5-31 所示。

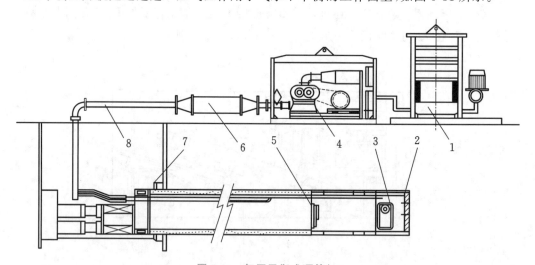

图 5-31　气压平衡式顶管机

1—冷却塔；2—网格工具管；3—第一道气闸门；4—空压机；5—第二道气闸门；
6—空气过滤器；7—防漏气装置；8—送气管

不同性能的土质，可依据表 5-2 选用适宜的顶管机类型。

表 5-2　不同性能的土质适宜的顶管机类型

		机械式	挤压式	人工挖掘	土压平衡	泥水平衡	气压平衡
无地下水	岩石			★		★★	★
	胶结土层、强风化岩	★★					
	稳定土层	★★		★			
	松散土层	★	★	★★			
地下水位以下地层	$f_{ak}>30$ kPa 淤泥		★		★★	★	★
	含水量>30%黏性土		★★		★★	★	★
	含水量<30%粉性土				★	★★	★
	粉性土				★	★★	★
	$k<10^{-4}$ cm/s 砂土					★★	★★
	$k=10^{-4}\sim10^{-3}$ cm/s 砂土					★	★★
	$k=10^{-3}\sim10^{-2}$ cm/s 砂砾					★	★
	含障碍物						★

注：1.★★表示首选机型，★表示可选机型，空格表示不宜选用；

　　2.f_{ak}表示地基承载力特征值，k表示土的渗透系数。

（二）设备和管节吊装

工作井上下的吊装一般采用门式吊车，如图 5-32 所示。门吊吊装方便，操作安全。门吊的起吊能力以满足大多吊运件重量为主。工具管自重如果超过门吊的起吊能力，则应另行处理。

图 5-32　门吊吊装

（三）顶管施工接口

1. 钢管接口

钢管接口一般采用焊接接口。小直径管道焊缝宜采用单边 V 形坡口，大直径管道宜采用 K 形坡口，也可采用单边 V 形坡口。不论采用何种坡口形式，同顶铁的接触面应为坡口的平端。

钢管内外应做防腐处理。下井管节两端各 100 mm 范围应在焊缝检查合格后再涂快干型防腐涂料。给水管道的内壁可采用涂料或水泥砂浆防腐，所用防腐涂料应具有相应的卫生检验合格证书。管道的外壁宜采用熔结环氧粉末涂料防腐。

2. 钢筋混凝土接口

钢筋混凝土管接头宜使用钢承口，钢承口有单橡胶圈和双橡胶圈之分，如图 5-33 所示。

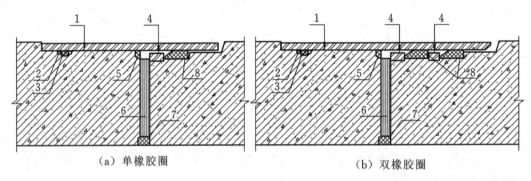

（a）单橡胶圈　　　　　　　　　　（b）双橡胶圈

图 5-33　钢承口接头

1—钢承口；2—钢筋挡圈；3—膨胀橡胶条；4—插口钢环；5—弹性密封填料；
6—木垫圈；7—弹性密封填料；8—密封橡胶圈

钢筋混凝土管传力面上均应设置环形木垫圈，并用胶黏剂黏在传力面上。木垫圈应选用质地均匀富有弹性的松木、杉木或多层胶合板。钢筋混凝土管木垫圈的外径应与橡胶密封圈槽口齐平，内径应比管道内径大 20 mm。

钢承口接头的钢套管与钢筋混凝土的接缝应采用弹性密封填料勾缝。

接头钢套管宜采用 Q355B 级低合金结构钢，且必须有良好的防腐措施。

3. 球墨铸铁管接口（如图 5-34 所示）

球墨铸铁顶管接头形式采用滑入式柔性接口。

球墨铸铁顶管外覆混凝土保护层，并在插口端焊接顶推法兰。

球墨铸铁顶管的承口端面和顶推法兰间的传力面上应设置环形木垫圈。球墨铸铁管的木垫圈最小外径应比顶推法兰外径小 2 mm，内径与顶推法兰内径齐平。

球墨铸铁顶管的外包混凝土强度设计等级不应低于 C30。

球墨铸铁顶管接头的最大允许偏转角不应大于 1°。

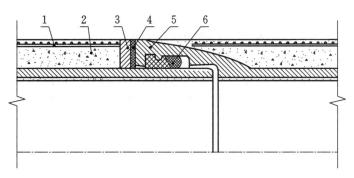

图 5-34　球墨铸铁顶管接口

1—钢筋网；2—混凝土；3—法兰；4—木垫圈；5—球墨铸铁管；6—密封胶圈

（四）管道顶进

1.出洞

顶管机由工作井内穿越封门进入待开挖土体的过程称为出洞。顶管出洞工作是顶管施工的关键工序，由于顶管工作井的结构不同，深度、土质情况不一，出洞的技术措施是不同的。

（1）封门拆除。封门拆除前工程技术人员应详细了解现场情况及封门图纸，制定拆除的顺序和方法。封门拆除后应将顶管机立即顶入穿墙管内，检查、调整穿墙管止水装置，然后连续顶进，直至洞口及止水装置发挥作用为止。

（2）土体加固。为满足顶管进出的需要，洞口土体宜采用水泥土搅拌桩、高压喷射注浆、超高压喷射注浆、全方位高压喷射注浆、冰冻法及降水等一种或多种组合形式进行加固。顶管洞口的加固效果应采用钻芯取样的方式进行检验，加固体的强度不宜小于 0.5 MPa，并应检查加固体的均匀性和防渗漏性能，进洞、出洞前应在洞门上打设探测孔，确认止水措施的有效性。

（3）止水装置。在工作井穿墙管范围内可预埋注浆管，顶管机顶入穿墙管后，对穿墙管与顶管机的间隙进行填充注浆，起到止水作用。

（4）姿态控制。机头出洞推进时，要将机头和前几节管节的上端用拉杆连接好，并调整好主顶油缸编组，以防机头出洞入土后磕头。出洞的顶管机姿态控制要点：一是基坑导轨的安装精度要高，轴线与设计值应一致；二是要保持开挖面的土体稳定，只有稳定的开挖面才能使得顶管机的导向正确；三是应注意到出洞的顶管机姿态主要是通过调整主顶油缸的编组来控制的；四是出洞过程尽可能做到连续慢速顶进。

2.顶进

（1）顶管机初始土压力控制值和顶进速度应根据洞口外侧土体的加固强度和加固体积设定。

（2）顶进过程中应检查排泥流量、送泥流量及掘进排土量，并应结合监测数据分析迎土面压力的变化情况，保持迎土面的稳定。

（3）顶进过程中应控制顶进速度、泥浆性能等施工参数，顶管机进入土层后正常顶进时，顶进速度宜小于 30 mm/min，顶管机在出洞口外侧土体加固区的初始顶进速度宜小于 10 mm/min。

（4）在管节拼装或维修期间应对顶管机压力舱进行补浆保压。

（5）管道顶进中的顶管机防磕头可采取如下措施：

① 调整后座主顶千斤顶的合力中心，用后座千斤顶进行纠偏。

② 土体承载力低于 100 kPa 时，对于柔性接口的顶管，应将顶管机后的 3～5 节管节用拉杆连成一体。

（6）顶管顶进时，顶管机应采取限止扭转的措施。

（7）在流塑性土层和浅覆土中的长距离顶管，应防止管道纵向失稳。

3. 测量

顶管施工时，为了使管节沿规定的方向前进，在顶进前要求按设计的高程和方向精确地安装导轨、修筑后背及布置顶铁，这些工作要通过测量来保证规定的精度。开始顶进的第一节管测量非常重要，第一节管平稳进洞、位置正确是保证整段顶管质量的关键。施工过程中应对管道水平轴线和高程、顶管机姿态等进行测量，并定期对测量控制基准点进行复核，若发生偏差时应及时纠正。顶管允许偏差与检验方法，见表 5-3。

表 5-3　顶管允许偏差与检验方法

项目	管径/mm	允许偏差/mm	检验频率		检验仪器
			范围	点数	
中线位移	$D<1500$	±30	每节管	1	经纬仪
	$D\geqslant1500$	±50	每节管		
管内底高程	$D<1500$	−20～+10	每节管	1	水准仪
	$D\geqslant1500$	−30～+20	每节管		水准仪
相邻管间错口	$D<1500$	±10	每个接口	1	尺量
	$D\geqslant1500$	±20			
对顶时管道错口		±20	≤20	1	尺量

（1）水准仪测平面与高程位置。

用水准仪测平面位置的方法是在待测管首端固定一个小十字架，在坑内设一架水准仪，使水准仪十字对准十字架，顶进时，若十字架与水准仪上的十字丝发生偏离，即表明管道中心发生偏差。用水准仪测高程的方法如图 5-35 所示，在待测管首端固定一个小十字架，在坑内架设一台水准仪，检测时，若十字架在管首端相对位置不变，其水准仪高程必然固定不变，只要量出十字架交点偏离的垂直距离，即可读出顶管顶进过程中的高差偏差。

（2）垂球法测平面与高程位置。

如图 5-36 所示，悬吊于中心桩连线上的垂球显示出了管道的方位，顶进中，若管道出现左右偏离，则垂球与小线必然偏离；再在第一节管道中心沿顶进方向放置水准器，若管道发生上下移动，则水准器气泡亦会出现偏移。

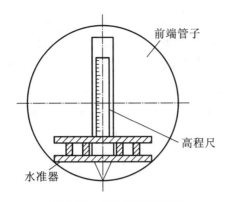

图 5-35　水准高程示意图

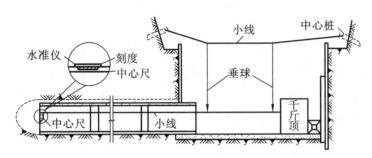

图 5-36　垂球法测平面与高程位置

（3）激光经纬仪测平面与高程位置。

由架设在工作坑内的激光仪发射激光照射待测管首段的标示牌，即可测定顶进时的平面与高程的误差值，激光测量如图 5-37 所示，接收靶如图 5-38 所示。

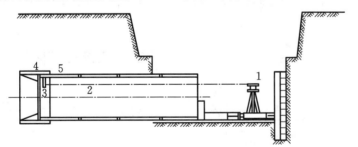

图 5-37　激光测量

1—激光经纬仪；2—激光束；3—激光接收靶；4—刃脚；5—管节

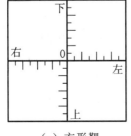

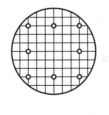

（a）方形靶　　（b）装有硅光电池的圆形靶

图 5-38　接收靶

（4）测量次数。

测量工作应及时、准确，以使管节正确地就位于设计的管道轴线上。测量工作应频繁进行，以便及时发现管道的偏移。顶进工作井进入土层后，每顶进 300 mm，测量不应少于一次；正常顶进时,每顶进 1000 mm，测量不应少于一次；进入接收工作井前 30 m 应增加测量频次，每顶进 300 mm，测量不应少于一次。全段顶完后，应在每个管节接口处测量其水平轴线和高程，有错口时应测出相对高差。纠偏量较大或频繁纠偏时应增加测量次数。

4.顶管纠偏

一旦发现前端管节前进的方向或高程偏离原设计要求，就要及时采取措施迫使管节恢复原位再继续顶进。这种操作过程，称为顶管纠偏。

（1）出现偏差的原因。

管道在顶进的过程中，工具管迎面阻力的分布不均、管壁周围摩擦力不均和千斤顶顶力的微小偏心等都可能导致工具管前进的方向发生偏移或旋转。为了保证管道的施工质量，施工过程中必须及时纠正，以避免施工偏差超过允许值。管道顶进过程中，应遵循"勤测量、勤纠偏、微纠偏"的原则，控制顶管机前进方向和姿态，并应根据测量结果分析偏差产生的原因和发展趋势，进而确定纠偏的方法。

（2）纠偏方法。

① 挖土纠偏。

挖土纠偏是采用在不同部位减挖土量的纠偏方法，即管子偏向哪一侧，则该侧少挖些土，另一侧多挖些土，顶进时管子就偏向空隙大的一侧而使误差校正。这种方法消除误差的效果比较缓慢，适用于误差值不大于 10 mm 的情况，如图 5-39 所示。

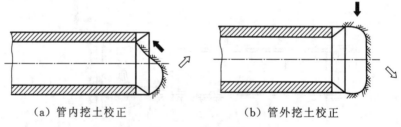

（a）管内挖土校正　　　　（b）管外挖土校正

图 5-39　挖土纠编

⇧校正阻力；⬆校正方向

② 斜撑纠偏。

偏差较大时或采用挖土纠编无效时，可用圆木或方木纠偏，将一端支撑在内管壁上，另一端支撑在垫有木板的管前土层上，开动千斤顶，利用木撑产生的分力，使管子得到校正。上抬管段校正如图 5-40 所示，下陷管段校正如图 5-41 所示，错口管段校正如图 5-42 所示。

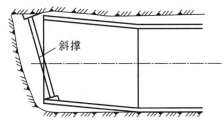

图 5-40　上抬纠偏

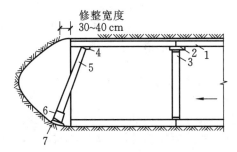

图 5-41　下陷纠偏

1—管子;2—木楔;3—内胀圈;4—楔子;5—支柱;6—校正千斤顶;7—垫板

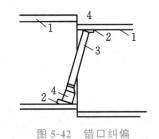

图 5-42　错口纠偏

1—管子;2—楔子;3—支柱;4—校正千斤顶

③ 工具管纠偏。

纠偏工具管是顶管施工的一件专用设备。工程中根据不同管径采用不同直径的纠偏工具管。纠偏工具管主要由工具管、刃脚、纠偏千斤顶、后管等部分组成,如图 5-43 所示。

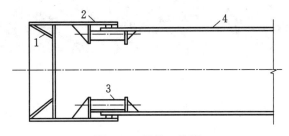

图 5-43　纠偏工具管

1—刃脚;2—工具管;3—纠偏千斤顶;4—后管

纠偏千斤顶沿管周向均匀布设，一端与工具管连接，另一端与后管连接。工具管与后管之间留有 10～15 mm 的间隙。当发现首节工具管位置有误差时，启动各方向千斤顶的伸缩，调整工具管刃脚的走向，从而达到纠偏的目的。

④ 衬垫纠偏。

对淤泥、流砂地段的地下管子，因其地基承载力弱，常出现管子低头现象。纠偏的方法是将木楔做成光面或包一层铁皮，稍微倾斜地放置在管子的低侧，使管子沿着正确方向顶进（图 5-44 中 A 是正确的方向，B 是偏移方向）。

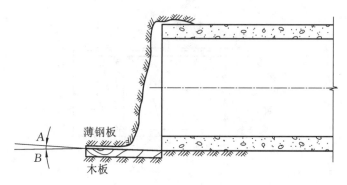

图 5-44　衬垫纠偏

5. 进洞

顶管机穿越加固体进入接收井的过程称为进洞。

（1）顶管机进洞前的 3 倍管径范围内（如图 5-45），应减慢顶进速度，减小管道正面阻力对接收井的不利影响。

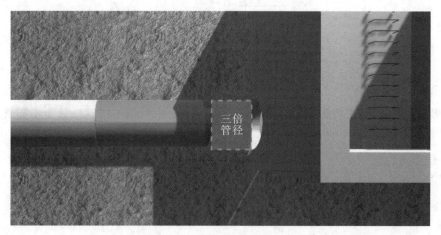

图 5-45　顶管机进洞前

（2）进洞口的临时闷板宜加水平支撑便于顶管机接近闷板。

（3）接收洞轴线上可安装临时支架，防止顶管机头下落。

（4）接收洞处于饱和砂土层时，应进行土体加固。

（5）管道进洞后应按设计要求封闭接收洞，防止水土流入井内。

（五）长距离顶进措施

顶管中，一次顶进长度受管材强度、顶进土质、后背强度及顶进技术等因素限制，一般一次顶进长度达 60～100 m。当顶进距离超过一次顶进长度时，可采用中继间顶进、触变泥浆套等方法，以提高在一个工作井内的顶进长度，减少工作井数目。

1. 中继间顶进法

中继间顶进就是把管道一次顶进的全长分成若干段，在相邻两段之间设置一个钢制套管，套管与管壁之间应有防水措施，在套管内的两管之间沿管壁均匀地安装若干个千斤顶，该装置称为中继间，如图 5-46 所示。中继间以前的管段用中继间顶进设备顶进，中继间以后的管段由工作井的主千斤顶顶进。如果一次顶进距离过长，可在顶段内设几个中继间，这样可在较小顶力条件下，进行长距离顶管。

采用中继间顶管时，顶进一定长度后，即可安设中继间，之后继续顶进。当工作井主千斤顶难以顶进时，开动中继间千斤顶，以中继间后边管子为后背，向前顶进一个行程，然后开动工作井内的千斤顶，使中继间后面的管子和中继间一同向前推进一个行程。而后再开动中继间千斤顶，如此连续循环操作，完成长距离顶进。

管道就位以后，应首先拆除第一个中继间，然后开动后面的千斤顶，将中继间空档推拢，接着拆第二个、第三个，直到把所有中继间空档都推拢后，顶进工作方告结束。

中继间的特点是减少顶力效果显著，操作机动灵活，可按照顶力大小自由选择中继间的个数，分段接力顶进，但也存在设备较复杂、加工成本高、操作不便及工效低等不足。

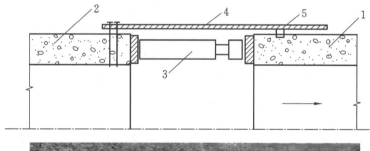

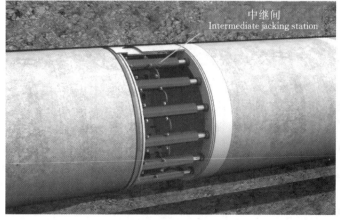

图 5-46　中继间构造

1—前管；2—后管；3—千斤顶；4—中继间外套；5—密封环

2. 触变泥浆套法

触变泥浆套法是将触变泥浆注入所顶进管子四周，形成一个泥浆套层，用以减小顶管与土层的摩擦力，并能防止土层坍塌。一次顶进距离可比非泥浆套顶进增加 2～3 倍。长距离顶管时，触变泥浆套法常和中继间顶进法配合使用。

触变泥浆是由膨润土加一定比例的碱（一般为 Na_2CO_3）、化学浆糊、高分子化合物及水配制而成的。膨润土是触变泥浆的主要成分，它有很大的膨胀性，很高的活性和吸水性。碱主要是提供离子，促使离子交换，改变黏土颗粒表面的吸附层化学成分，使颗粒高度分散，从而控制触变泥浆。

一般触变泥浆由搅拌机械拌制后储于储浆罐内，由泵加压，经输泥管输送到工具管的泥浆封闭环内，再由封闭环上开设的注浆孔注入井壁与管壁间的孔隙中，形成泥浆套，如图 5-47 所示。工具管应具有良好的密封性，防止泥浆从工具管前端漏出。

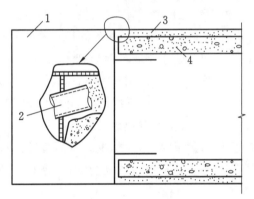

图 5-47　注浆装置

1—工具管；2—注浆孔；3—泥浆套；4—混凝土管

在长距离或超长距离顶管中，由于施工工期较长，泥浆的失水将导致触变泥浆失效，因此必须从工具管开始每隔一定距离设置补浆孔，及时补充新的泥浆。管道顶进完毕后，拆除注浆管路，将管道上的注浆孔封闭严密。

任务 2　盾构法施工

盾构法施工
微课

盾构法施工时，先在某段管段的首尾两端各建一个工作井，然后把盾构机从始端竖井推入土层，沿着管道的设计轴线，在地层中向尾端接收工作井不断推进。盾构机借助支撑环内设置的千斤顶提供的推力不断向前移动。千斤顶推动盾构机前移，千斤顶的反力传至盾构机尾部已拼装好的预制管道的管壁上，继而再传至工作井的后背上。当砌完一环砌块后，千斤顶以已砌好的砌块作后背继续顶进盾构机，开始下一环的挖土和衬砌，如图 5-48 所示。

盾构法施工的主要优点如下：

（1）盾构施工时所需要顶进的是盾构机本身，故在同一土层中所需顶力为一常

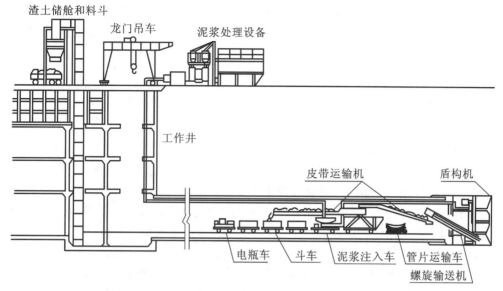

图 5-48　盾构法施工

数,因此盾构法施工不受顶进长度限制。

（2）盾构机断面形状可以任意选择,而且可以形成曲线走向。

（3）操作安全,可在盾构机结构的支撑下挖土和衬砌。

（4）可严格控制正面开挖,加强衬砌背面空隙的填充,可控制地表的沉降。

一、盾构机

盾构机(图 5-49)是集地下掘进和衬砌功能为一体的施工设备,广泛用于地下管道、隧道、城市地下综合管廊等工程。

图 5-49　盾构机

按支护地层的形式分类,盾构机主要分为自然支护式、机械支护式、压缩空气支护式、泥浆支护式、土压平衡支护式五种类型。

按开挖面是否封闭,盾构机可分为密闭式和敞开式两类。按平衡开挖面土压与水压的原理不同,密闭式盾构机又可分为土压式(常用泥土压式)和泥水式两种。敞开式盾构机按开挖方式,可分为手掘式、半机械挖掘式和机械挖掘式三种。

二、盾构法施工

(一)工作井施工

始发工作井平面尺寸应根据盾构机安装的施工要求来确定。接收工作井的平面内净尺寸应满足盾构机接收、解体和调头的要求。

采用盾构法施工时,一般需在盾构机掘进的始端和终端设置工作井,按工作井的用途,分为始发工作井和接收工作井。工作井在竣工后多被用作地铁车站、排水、通风等永久性结构。工作井位置选择要考虑不影响地面社会交通,对附近居民的噪声和振动影响较小,且能满足施工生产组织的需要。工作井应根据地质条件和环境条件,选择安全经济和对周边影响小的施工方法,通常采用明挖法施工,具体施工可参照顶管施工工作井施工方法。

(二)盾构始发

盾构始发是指利用反力架和负环管片,将始发基座上的盾构,由始发工作井推入地层,开始沿设计线路掘进的一系列作业。

反力架为盾构机始发时提供反推力,在安装反力架时,反力架端面应与始发基座水平轴垂直。对反力架固定前应按设计对其进行精确的定位。反力架与工作井结构连接部位的间隙用型钢垫实,以保证反力架脚板有足够的受力面,负环管片紧靠在反力架上,以保证混凝土负环管片受力均匀。

盾构始发是盾构施工的关键环节之一,其主要内容包括始发前工作井端头的地层加固、盾构机基座安装、盾构机组装调试、安装反力架、安装洞门密封、洞口凿除、拼装负环管片、盾构贯入作业面建立土压(针对土压平衡盾构施工)和始发掘进等。盾构始发流程如图 5-50 所示。

1.工作井端头地层加固

盾构法施工中,洞门土体加固是盾构始发、到达技术的一个重要施工工艺,洞门土体也是盾构始发、到达的事故多发地带。因此,合理选择洞门土体加固施工工法,是保证盾构法顺利施工的非常重要的环节。

(1)洞门土体加固的作用。

① 盾构机从始发工作井进入地层前,首先应拆除始发工作井洞门处的围护结构,以便将盾构机推入土层开始掘进;盾构机到达接收工作井前,亦应先拆除工作井洞门处的围护结构,以便盾构机进入接收工作井。

② 拆除洞口围护结构后,洞口土体在坑外水土压力作用下可能失稳,还可能导致地下水涌入工作井,且盾构机在始发掘进的一段距离内或到达接收工作井前的一段距离内难以建立起足够的土压(土压平衡盾构)或泥水压(泥水平衡盾构),因此,拆除洞口围护结构前必须对洞门土体进行加固。该工作通常在工作井施工过程中实施。

(2)洞门土体加固的方法。

洞门土体常用的加固方法有深层搅拌法、高压旋喷注浆法和冻结法。

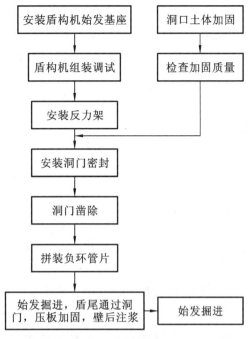

图 5-50　盾构始发流程图

　　深层搅拌法的原理是利用深层搅拌机械将水泥浆与土体强制搅拌,在土体内产生物理或化学反应,经过一定时间形成具有整体性、水稳定性和一定强度的圆柱状固结土体,和原土体构成复合地基、防渗墙或支护挡墙。

　　高压旋喷注浆法的原理是利用钻机钻孔,把带有喷嘴的注浆管插至土层的预定位置后,借助于高压设备使浆液以 20 MPa 以上的高压射流从喷嘴喷射出来,以冲击、切割、破坏土体。土体中部分细小土料随着浆液冒出,其余土粒在喷射流的冲击力、离心力和重力等作用下,与浆液搅拌混合,胶结硬化,便在土体中形成一个固结体与桩间土一起构成复合地基,从而提高地基承载力,减少地基变形,达到地基加固的目的。

　　冻结法的原理是利用人工制冷技术,使地层中的水结冰,使不稳定的含水地层形成强度很高的冻土体,达到地基加固的目的,并起到隔水作用。冻结法分为垂直冻结法和水平冻结法,常用的是垂直冻结法,也可以采用垂直冻结与水平冻结相结合的方式,如图 5-51 所示。

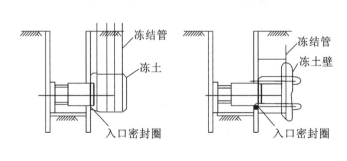

（a）垂直冻结法　　　　　（b）水平冻结法　　　　（c）垂直冻结与水平冻结相结合

图 5-51　冻结法加固土体

冻结法有造价高、解冻后存在沉降等缺点,高压旋喷注浆法虽然效果好,但其造价远高于深层搅拌法。所以,除工作井较深、洞门处土层为水头较高的承压水层外,洞门土体加固较为广泛采用的是深层搅拌法,并在搅拌桩加固体与连续墙的间隙处,用高压旋喷法进行补充加固。

2. 盾构机基座安装（图 5-52）

安装盾构机基座时应注意以下要点:

(1) 基座及其上导轨的强度与刚度,应符合盾构机安装、拆除及施工过程的要求;

(2) 基座应与工作竖井连接牢固;

(3) 导轨顶面高程与间距应经计算确定;

(4) 基座及其上导轨的轴线应与管道轴线平行对称,安装中心线位置水平方向上允许偏差为 3 mm,高程为 0、+3 mm,且与盾构机轴线形成的夹角为 60°～90°;

(5) 始发工作井导轨顶面高程,宜比封门对应部位高程高 30 mm;接收工作井导轨顶面高程,宜比封门对应部位高程低 20 mm;

(6) 始发或接收工作井设有封门的井壁与基座、导轨间,应留有进行防漏、密封的操作间隙,间隙不宜小于 50 cm。

图 5-52　盾构机基座安装

3. 反力架和负环拼装（图 5-53）

以临时组装的管片和型钢为主材,保证其具有足够的强度和不发生有害变形的刚度。临时组装的管片,需确保安装形状,以免影响正式管片的精度。

钢后背:钢后背一般采用工字钢制作,其中心误差控制在 15 mm 以内。钢后背必须与盾构设计轴线垂直。

后背上部钢管支撑安装:使用千斤顶对管片施加预压力,抵消钢后背的空隙,防止正环管片向后错出,保证盾构机出洞推进时千斤顶的推力及分区油压有较大的选择范围,便于控制盾构出洞时轴线。

负环拼装:盾构机出发须做临时后背,使盾构机有支撑力,能够向前推进。

图 5-53　反力架和负环拼装

4. 安装洞门密封(图 5-54)

洞口密封是为了在始发时在盾构机外壳与混凝土洞口之间形成一个柔性止水密封;在试掘进阶段,在管片与混凝土洞口之间形成止水、止浆密封。

其施工分两步进行,第一步在始发端墙施工过程中,做好始发洞门预埋件的埋设工作,将预埋件与端墙结构钢筋连接在一起。第二步在盾构机正式始发之前,清理完洞口的渣土后及时安装洞口密封压板及橡胶帘布板。

图 5-54　洞门密封

5. 洞门凿除(图 5-55)

施工一般分两次进行,第一次先将围护结构主体凿除,只保留围护结构的钢筋保护层,在盾构机始发前将保护层混凝土凿除。最后一层混凝土凿除完之后,要及时检查始发洞口的净空尺寸,确保没有钢筋、混凝土侵入设计轮廓范围之内。

6. 始发掘进施工要点

(1)盾构前如需破除洞门,应在条件验收后进行。

(2)始发前,应对洞口土体加固质量进行安全检查,合格后方可始发掘进;应制定

图 5-55　洞门凿除

洞门围护结构破除方案,并应采取密封措施保证始发安全。

（3）始发前,反力架应进行安全验算。

（4）始发时,应对盾构机姿态进行复核。

（5）对负环管片进行定位时,管片环面应与管洞轴线相适应（图 5-56）。拆除前,应验算成形管洞管片与地层间的摩擦力,并应满足盾构掘进反力的要求。

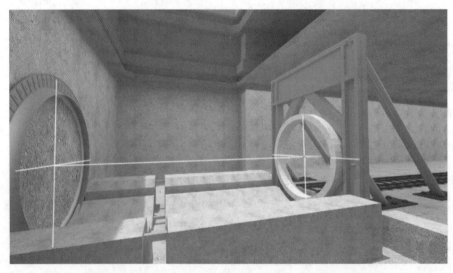

图 5-56　负环管片定位

（6）当分体始发时,应保护盾构机的各种管线,及时跟进配套设备,并应确定管片拼装、壁后注浆、出土和材料运输等作业方式。

（7）盾尾密封刷进入洞门结构后,应进行洞门圈间隙的封堵和填充注浆。注浆完成后方可掘进。

（8）初始掘进过程中应控制盾构机姿态和推力,加强监测,并应根据监测结果调整掘进参数。

（三）盾构掘进

1. 土压平衡掘进

土压平衡盾构机（earth pressure balance shield），简称 EPB 盾构，如图 5-57 所示。土压平衡盾构机在机械式盾构机的前部设置隔板，使土舱和排土用的螺旋输送机内充满切削下来的泥土，依靠推进千斤顶的推力给土舱内的开挖土渣加压，土压作用于开挖面以保证盾构机稳定推进。土压平衡盾构机的支护材料是土壤本身。土压平衡盾构机由盾壳、刀盘、刀盘驱动系统、螺旋输送机、皮带输送机、管片安装机、人员舱、液压推进系统等组成。

刀盘旋转切削开挖面的泥土，破碎的泥土通过刀盘开口进入土舱，泥土落到土舱底部后，通过螺旋输送机运到皮带输送机上，最后输送到停在轨道上的渣车上。盾构机在液压推进系统（推进液压缸）的作用下向前推进。盾壳对挖掘出的还未衬砌的管洞起着临时支护作用，承受周围地层的土压以及地下水的水压，并将地下水阻隔在盾壳外面。掘进、排土、预制管片拼装等作业在盾壳的掩护下进行。

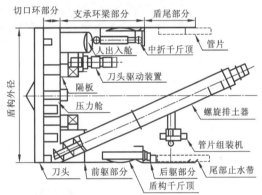

图 5-57　土压平衡盾构机

（1）刀盘。

刀盘按其面板的形式可分为面板式和辐条式，如图 5-58 所示，按其对地层的适应性分为软土刀盘和复合刀盘。

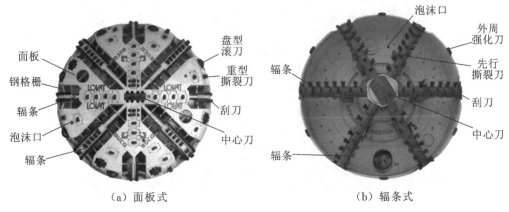

（a）面板式　　　　　　　　（b）辐条式

图 5-58　刀盘

（2）刀盘驱动系统。

刀盘驱动系统由电机驱动液压泵为刀盘后方的液压马达提供动力，液压马达又带动其相应的小齿轮来驱动大齿圈从而实现刀盘运转，如图 5-59 所示。

图 5-59　刀盘驱动系统

（3）液压推进系统。

推进液压缸安装在密封舱隔板后部，沿盾体周向均匀分布，是推进系统的执行机构，如图 5-60 所示。推进系统由安放在盾尾的主驱动泵提供高压油，通过各类液压阀的控制来实现各种功能。盾构液压推进系统既能满足盾构总推力及速度控制要求，又能提高管片拼装的效率。

图 5-60　液压推进系统

（4）螺旋输送机。

盾构机中的螺旋输送机是用于将挖掘出来的土石材料从盾构机前端运输到后端的设备,如图 5-61 所示。

图 5-61　盾构机中的螺旋输送机

（5）人员舱。

人员舱是在土舱保压期间,人员出入土舱进行维修和检查的转换通道,出入土舱的工具和材料也由此通过。其主要作用是在人员和材料进入土舱时能够保持土舱中的土压,如图 5-62 所示。

图 5-62　人员舱

（6）管片安装机。

管片安装机安装在盾尾，由一对举重油缸、大回转机构（200°）、抓取机构（或真空吸盘）和平移机构等组成，如图 5-63 所示。管片安装机通过这些机构的协同动作把管片安装到准确的位置。

图 5-63　管片安装机

2. 泥水平衡掘进

泥水加压盾构机也称泥水加压平衡盾构机（slurry pressure balance shield），简称 SPB 盾构，如图 5-64 所示。泥水加压盾构机是在机械式盾构机的基础上改进而成的，前部设置隔板，装备了刀盘、输送泥浆的送排泥管和推进盾构的推进油缸，在地面上还配有泥水处理设备。

泥水加压盾构机利用循环悬浮液的体积对泥浆压力进行调节和控制，采用膨润土悬浮液（俗称泥浆）作为支护材料。盾构机将泥浆送入泥水舱内，在开挖面上用泥浆形成不透水的泥膜，通过该泥膜的张力保持水压力，以平衡作用于开挖面的土压力和水压力。开挖的土砂以泥浆形式输送到地面，通过泥水处理设备进行分离，分离后的泥水进行质量调整，再输送到开挖面循环利用。

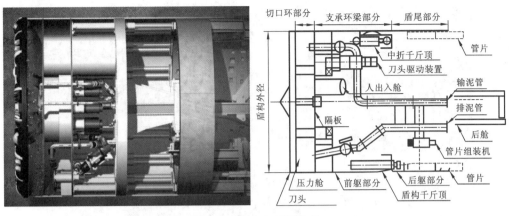

图 5-64　泥水加压盾构机

3.管片拼装

（1）管片类型。

盾构衬砌的主体是管环,管环通常由 A 型管片(标准块)、B 型管片(邻接块)和 K 型管片(封顶块、楔形块)拼装构成,如图 5-65 所示,管片之间一般采用螺栓连接。

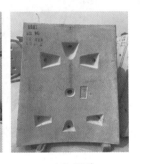

（a）A型　　　　　　　　（b）B型　　　　　　　　（c）K型

图 5-65　管片

（2）拼装顺序。

一般从下部的标准(A 型)管片开始,依次左右交替安装标准管片,然后拼装邻接(B 型)管片,最后安装楔形(K 型)管片。

（3）盾构千斤顶操作。

拼装管片时,禁止盾构千斤顶同时全部缩回,否则盾构机会在开挖面土压的作用下后退,开挖面将异常不稳定(开挖面土压损失,并失去平衡),管片拼装空间也将难以保证。因此,随管片拼装顺序分别缩回盾构千斤顶非常重要。

（4）紧固连接螺栓。

先紧固环向(管片之间)连接螺栓,后紧固轴向(环与环之间)连接螺栓,如图 5-66 所示。采用扭矩扳手紧固,紧固力取决于螺栓的直径与强度。

（5）楔形管片安装方法。

楔形管片安装在邻接管片之间,为了不发生管片损伤、密封条剥离,必须正确地插入楔形管片,如图 5-67 所示。为方便插入楔形管片,可装备能将邻接管片沿径向向外

图 5-66　紧固连接螺栓

顶出的千斤顶，以增大插入空间。

拼装径向插入型楔形管片时，楔形管片有向内的趋势，在盾构千斤顶的推力作用下，其向内的趋势加剧。拼装轴向插入型楔形管片时，管片后端有向内的趋势，而前端有向外的趋势。

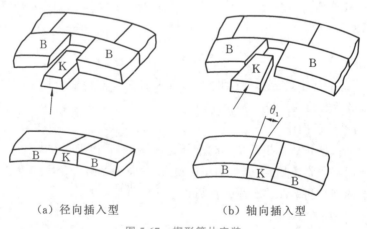

（a）径向插入型　　　　　（b）轴向插入型

图 5-67　楔形管片安装

（6）复紧连接螺栓。

初紧：一环管片拼装好后，利用全部盾构千斤顶均匀施加压力，充分紧固轴向连接螺栓。

复紧:盾构机继续掘进后,在盾构千斤顶推力、脱出盾尾后土(水)压力的作用下衬砌会产生变形,拼装时紧固连接螺栓会松弛。为此,待推进到千斤顶推力影响不到的位置后,用扭矩扳手等再次紧固连接螺栓。

4. 壁后注浆

壁后注浆是向管片与围岩之间的空隙注入填充浆液,向管片外压浆的工艺,工艺参数应根据所建工程对管洞变形及地层沉降的控制要求来确定。根据工程地质条件、地表沉降状态、环境要求及设备性能等选择注浆方式。注浆过程中,应采取减少注浆施工对周围环境影响的措施。

壁后注浆的目的:一是填充管片与围岩之间的环形空隙,尽早建立注浆体的支撑体系,防止管洞周围土体塌陷与地下水流失造成地层损失,控制地面沉降值;二是尽快获得注浆体的固结强度,确保管片初衬结构的早期稳定性,防止长距离的管片衬砌处于无支承力的浆液环境内,以免管片发生移位变形;三是作为管洞衬面结构的加强层,使其具有耐久性和一定的强度;四是提供长期、均质、稳定的防水功能。

管片壁后注浆按注浆时间和注浆目的不同,可分为同步注浆、二次注浆和堵水注浆。

(1) 同步注浆。

同步注浆与盾构掘进同时进行,通过注浆系统及盾尾的内置注浆管在盾构向前推进的同时进行注浆,浆液在盾尾空隙形成的瞬间及时起到充填作用,使周围土体获得及时的支撑,可有效防止岩体的坍塌,控制地表的沉降,如图 5-68 所示。

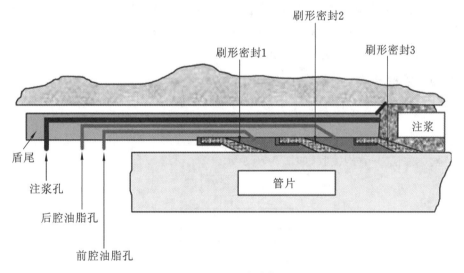

图 5-68 同步注浆

(2) 二次注浆。

二次注浆是在同步注浆结束以后,通过管片的吊装孔对管片背后进行补强注浆(补充部分未填充的空腔,提高管片背后土体的密实度),以提高同步注浆的效果,如图 5-69 所示。二次注浆的浆液充填时间要滞后于掘进一定的时间,对管洞周围土体起到加固和止水的作用。

图 5-69 二次注浆

（3）堵水注浆。

为提高背衬注浆层的防水性及密实度，在富水地区考虑前期注浆受地下水影响以及浆液固结率的影响，必要时在二次注浆结束后进行堵水注浆。

盾构机推进时，盾尾空隙在围岩塌落之前要及时地进行压浆，以充填空隙和稳定地层，此举不但可防止地面沉降，而且有利于管洞衬砌的防水。施工中要选择合适的浆液、注浆参数、注浆工艺，以便在管片外围形成稳定的固结层，将管片包围起来，形成一个保护圈，防止地下水侵入管洞中。

（四）盾构接收

1. 盾构接收施工流程

盾构接收一般按下列程序进行：洞门凿除→接收基座的安装与固定→洞门密封安装→到达段掘进→盾构接收，如图 5-70 所示。

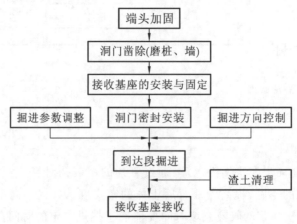

图 5-70 盾构机的到达施工流程

接收设施包括盾构接收基座(也称接收架)、洞门密封装置。接收架一般采用盾构始发架。

2.盾构接收施工的主要内容

盾构到达施工的主要内容包括：

(1)接收井洞口土体加固。

(2)在盾构机贯通之前100 m、50 m处分两次对盾构机姿态进行人工复核测量。

市政地下综合
管廊微课

(3)接收洞门位置及轮廓复核测量。

(4)根据前两项复测结果确定盾构机姿态控制方案并进行盾构机姿态调整。

(5)盾构接收架准备。

(6)接收洞门凿除。

(7)拉紧靠近洞门的最后10～15环管片。

(8)贯通后清理刀盘前部渣土。

(9)盾构接收架就位、加固。

GB 50838—2015

(10)洞门防水装置安装及将盾构机推出管洞。

(11)洞门注浆堵水处理。

(12)制作连接桥支撑小车,分离盾构主机和后配套机械结构连接件。

任务3　其他不开槽施工法

一、水平定向钻

水平定向钻施工是一种采用定向钻机和控向仪器,在预先确定的方向上通过钻进、扩孔、拉管等工艺过程实施管线敷设的非开挖施工方法。水平定向钻施工对周围环境影响小,施工速度快,可穿越地下障碍物和地面构筑物,目前已在市政管道施工中广泛使用。

(一)水平定向钻组件

1.钻机

钻机是穿越设备钻进作业及回拖作业的主体,它由钻机主机、转盘等组成,如图5-71所示。钻机主机放置在钻机架上,用以完成钻进作业和回拖作业。转盘装在钻机主机前端,与钻杆连接,能控制转盘转向、输出转速及扭矩大小,以达到不同作业状态的要求。

水平定向钻
微课

2.导向系统

水平定向钻钻孔时一般要依靠导向系统,如图5-72所示。目前导向系统有手持式跟踪系统和缆式导向系统。

(1)手持式跟踪系统。

如图5-73所示,该系统由安装在钻头后部空腔内的传感器(信号棒,见图5-74)和

图 5-71 钻机

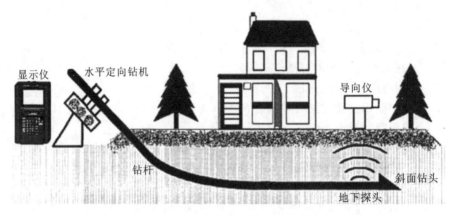

图 5-72 水平定向钻进中的导向系统

地面接收器组成，传感器发出的无线信号由地面接收器接收。接收器不仅可以接收钻头的位置、深度等信号，还可以接收钻头倾角、钻头斜面的面向角、电池电量和探头温度等信号。该系统经济且使用方便，但要求操作人员直接到达钻头的上方，而且接收到的信号足够强，因此它的使用受到限制。

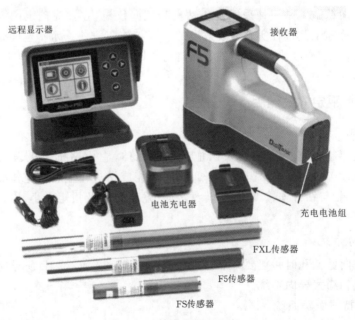

图 5-73 手持式跟踪系统

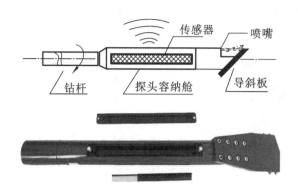

图 5-74　信号棒

（2）缆式导向系统。

缆式导向系统仍要求在钻头后部安装传感器，通过钻杆内的电缆向控制台发送信号，可以得到钻头倾角、钻头的面向角、电池电量和探头温度等，但不能提供深度信号，因此仍然需要地面接收器。虽然电缆线增加了施工的操作，但由于不依靠无线传送信号，因此避免了手持式跟踪系统的不足，适用于长距离穿越。

3. 钻机附属设备

（1）泥浆系统。

水平定向钻的泥浆系统由随车泥浆系统与泥浆搅拌系统组成。泥浆搅拌系统用于泥浆混配、搅拌、向随车泥浆系统提供泥浆。随车泥浆系统对泥浆加压，通过动力头将钻杆、钻头打入孔内，起稳定孔壁、减小回转扭矩、减小拉管阻力、冷却钻头、发射传感器、清除钻进产生的土屑等作用。随车泥浆泵采用液压马达驱动方式，泥浆流量大。泥浆搅拌系统应具有搅拌快速均匀、提供大流量泥浆、可调节泥浆配比、搅拌与输送同时进行等功能。搅拌系统装置包括料斗、汽油机泵、搅拌罐、车载泥浆泵、相关管路等。

（2）钻杆（图 5-75）。

水平定向钻的钻杆要求有很强的机械性能，必须有足够强度承受钻机给进力和回拖力，有足够的抗扭强度承受钻进时的扭矩，有足够的柔韧性以适应钻进时的方向改变，同时还要耐磨并尽可能轻便，以方便运输和操作。

图 5-75　水平定向钻的钻杆

图 5-76　回扩器

（3）回扩器。

回扩器形状大多为子弹头形状，上面安装有碳化钨合金齿和喷嘴，后部有一回转接头与工作管的拉管接头相连，如图 5-76 所示。

（4）拉管接头。

拉管接头不但要牢固地和敷设管道连接，而且对管道密封良好，防止钻进液（冷却液、润滑液）或碎屑进入管道，这对饮用水管特别重要。

（5）回转接头。

回转接头是扩孔和拉管操作中的基本构件，安装在拉管接头与回扩器之间。拖入的管道是不能回转的，而回扩器是要回转的，因此两者之间需要安装回转接头。回转接头必须密封可靠，严格防止泥浆和碎屑进入回转接头的轴承中。

（二）水平定向钻施工

水平定向钻机进行管线穿越施工的顺序为：地质勘探、地下管线探测、穿越轨迹设计、钻机选型、泥浆配制、先导孔钻进、扩孔钻进、管道回拖、环境保护、地貌恢复。

1.地质勘探

GB 50021—2001

通过地质勘探了解地质分布情况，形成地质勘查报告，为施工提供参考依据。地勘报告一般由业主单位提供，根据地质勘查报告可以进行钻机及钻具组合的选择，也是我们提供工程报价的依据。

工程勘察应符合《岩土工程勘察规范（2009 年版）》（GB 50021—2001）等相关标准的规定。水平定向钻法管道穿越工程施工前应取得拟穿越场地的工程地质资料，包括地形、地貌、地质构造、地层结构特征、岩土层的性质及其空间分布，并对管道穿越地层进行工程地质评价。

2.地下管线探测

地下管线探测应根据管道穿越工程的规划、设计、施工和管理部门的要求，按现行行业标准《城市地下管线探测技术规程》（CJJ 61—2017）的有关规定执行。地下管线探测应查明拟穿越区域建（构）筑物的结构类型、荷载类型、基础类型。

CJJ 61—2017

地下管线探测的范围应覆盖管线工程敷设的区域，穿越路由周围探测的范围不应小于管径的 3 倍，且不应小于 3 m。

既有地下管线探测后，应通过地面标志物、检查井、闸门井、人孔、手孔等进行复核。

3.穿越轨迹设计

CECS 382—2014

根据《水平定向钻法管道穿越工程技术规程》（CECS 382—2014），水平定向钻先导孔轨迹设计应包括下列内容：

（1）钻孔类型和轨迹形式；

（2）确定入土点和出土点位置；

（3）确定各项轨迹参数，包括入土角、出土角、圆弧过渡段曲率半径、管道埋深、管道水平长度、实际用管长度等。

4. 钻机选型

(1) 水平定向钻法管道穿越工程施工应综合考虑施工场地、地层条件、敷设管道直径、埋深和管道长度等因素,合理选择钻机类型和性能参数。

(2) 施工所用水平定向钻机的额定回拖力可按设计回拖力计算值的 1.5～3.0 倍进行选取。

(3) 水平定向钻机的功率应与工程相匹配,可根据管道直径、穿越长度和回拖力确定。

5. 泥浆配制

水平定向钻进应根据地层条件、穿越管道直径和长度,制定合理的泥浆体系,选择合适的造浆材料。

泥浆不仅可以保持孔壁稳定,防止坍塌,还可以对铺管起到很好的润滑作用,大大减小管线与孔壁之间的摩擦阻力。

6. 导向施工(先导孔钻进)

利用造斜原理,在地面导向仪的引导下,按预先设计的铺管线路,由钻机驱动带动导向钻头的钻杆,从入土点至出土点钻一个与设计轨迹尽量吻合的导向孔,如图 5-77 所示。

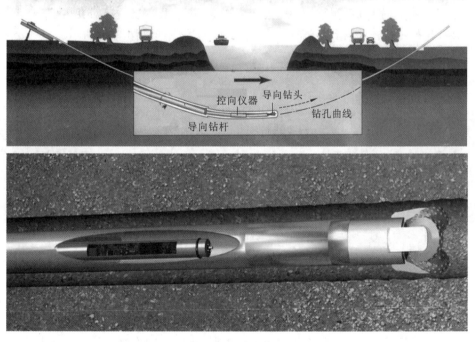

图 5-77　导向施工

(1) 对于距离短、埋深浅、电磁干扰弱、地面有通行条件的穿越工程,宜采用手持式跟踪系统进行导向钻进。

（2）对于距离长、埋深大、电磁干扰强或地面无通行条件的穿越工程，宜采用缆式导向系统进行导向钻进。

（3）先导孔钻进施工应符合下列规定：

① 施工前钻机应进行试运转，时间不应少于 15 min，确定机具各部分运转正常且钻头喷嘴有泥浆流动后方可钻进。

② 第一根钻杆入土钻进时应轻压慢转、稳定入土位置，符合设计入土角后方可继续钻进。

③ 先导孔钻进时，直线段测量计算频率宜每根钻杆一次。

④ 控向员应及时将测量数据与设计值进行对比，引导司钻员调整钻进轨迹。

⑤ 钻进至既有管线邻近区域时，应慢速钻进并复核先导孔轨迹，测算与交叉管线的距离，确认在安全许可范围后再恢复正常钻进。

⑥ 曲线段钻进时，应符合下列规定。

a. 一次顶进长度宜小于 0.5 m；

b. 应观察延伸长度顶角变量，且该变量应符合钻杆极限弯曲强度要求；

c. 应采取分段施钻方式，使延伸长度顶角变化均匀。

⑦ 导向钻进遇到异常情况时，应停钻并查明原因，问题解决后方可继续施工。

⑧ 先导孔纠偏应平缓，避免出现大的转角。

7. 回扩施工（扩孔钻进）

扩孔钻进应根据地层特点、工程规模、钻机参数、钻杆规格及扩孔器类型进行合理设计。当设计的终孔直径较大或施工设备能力有限时，宜分多次将钻孔直径扩至设计要求。一级扩孔完成后，应结合扩孔过程中扭矩、拉力及返浆情况对孔内清洁状况进行判断，若孔内钻屑量偏多，宜先洗孔再进行下一级扩孔，如图 5-78 所示。

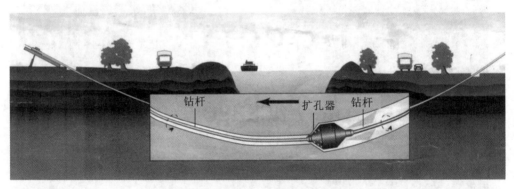

图 5-78　扩孔钻进

8. 管道回拖

扩孔完毕，在钻杆上再装扩孔器，与管前端通过万向节、特制拖头等连接牢固，启动钻机回拉钻杆进行拖管，将预埋管线拖入孔内，完成铺管工作，如图 5-79 所示。

回拖过程应连续施工，特殊情况下需中断时，中断时间不宜超过 4 h；回拖速度应均匀，避免造成孔内压力突变；回拖过程中宜保持泥浆循环；管道回拖完成后，应对管道两端进行封堵；管道敷设后应对管道实际轴线进行测量。

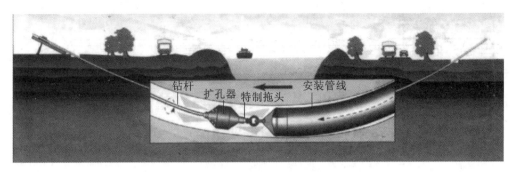

图 5-79　管道回拖

二、气动矛法

气动矛铺管法,施工时先在欲铺设管线地段的两端开挖起始工作坑和目标工作坑,使用的主要施工工具是一只类似于卧放风镐的气动矛,在压缩空气的驱动下,推动活塞不断打击气动矛头部的冲击头,将土不断地向四周挤压,并将周围土体压密,同时气动矛不断向前行进,形成先导孔。先导孔完成后,管道便可直接拖入或随后拉入,如图 5-80 所示。

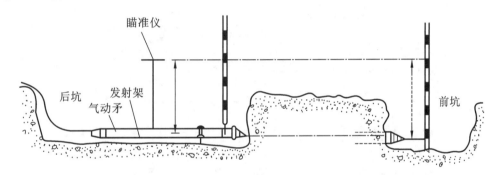

图 5-80　气动矛铺管法

气动矛铺管法适用于可压缩性土层中,如淤泥、淤泥质黏土、软黏土、粉质黏土及非密实的砂土等。如在砂层或淤泥中施工时,必须在气动矛后面直接敷入套管或成品管,这样不仅可以保护孔壁,还可以为气动矛提供排气通道,有利于施工的进行。其施工长度与管道口径的大小有关,一般情况下,对于小口径管道,孔长通常不超过 15 m;对于较大口径管道,孔长一般为 30~50 m。

气动矛构造上不同之处主要在气阀的换气方式,图 5-81 所示是其中的一种。前端有一个阶梯状由小到大的头部,受到活塞的冲击后向前推进,活塞后部有一个配气阀和排气孔。整个气动矛向前移动时,都依靠连接在其尾部的软管来供应压缩空气。气动矛的外径一般在 45~180 mm,活塞冲击频率为 200~570 次/min,压缩空气的压力在 0.6~0.7 MPa。

其他非开挖
铺管技术微课

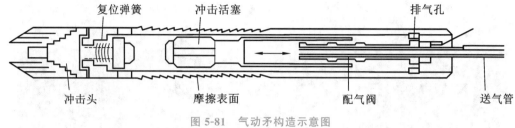

图 5-81　气动矛构造示意图

三、夯管锤铺管法

夯管锤铺管法是指用夯管锤（低频、大冲击功的气动冲击器）将欲铺设的钢管沿设计路线直接夯入地层，实现非开挖穿越铺管。施工时，夯管锤产生的较大冲击力直接作用于钢管的后端，通过钢管传递到钢管最前端的管鞋上，对土体实施切削作用，并克服土层与管体之间的摩擦力使钢管不断进入土层。随着钢管的夯入，被切削的土进入钢管内，待钢管达到目标工作坑后，将钢管内的土用压缩空气或高压水排出，而钢管则留在孔内，如图 5-82 所示。

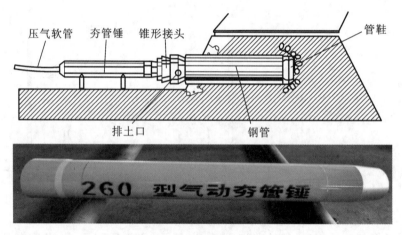

图 5-82　夯管锤施工

四、水平螺旋钻进法

水平螺旋钻进法又称水平干钻法，施工时先开挖工作坑，将螺旋水平钻机安放在工作坑内，由钻机的钻头切土，将欲铺设的钢管套在螺旋钻杆之外，由钻机的顶进油缸向前顶进，钢管间采取焊接连接。在稳定的地层中，当欲铺设的管道较短时，可采用无套管的方式施工，即先成孔再将欲铺设的管道拉入或顶入孔内，如图 5-83 所示。

水平螺旋钻进法的工作原理是在管道头部安装螺旋钻头，后部安装与螺旋钻头相连接的螺旋钻杆，动力在螺旋钻机的尾部。随着螺旋钻机（图 5-84）的转动，螺旋钻杆向切削钻头传递钻压和扭矩来切削土屑，并将土屑排向工作坑。

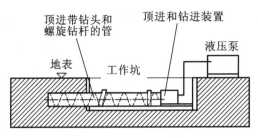

图 5-83 水平螺旋钻进法

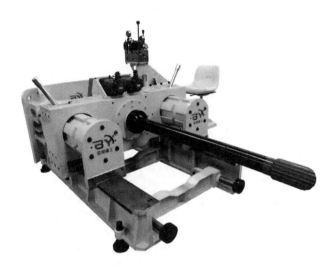

图 5-84 水平螺旋钻机

工作手册 6

市政管道的管理和维护

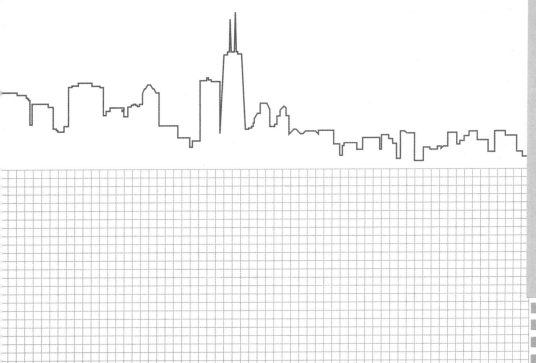

任务1：市政给水排水管道的管理和维护。

任务2：市政管道非开挖修复技术。

知识目标

（1）掌握市政给水排水管道检查的方法。

（2）掌握市政管道非开挖修复的方法。

能力目标

（1）能够识别管道运行问题，并进行分析和处理。

（2）能够识别管道维护管理过程的危险源，并对安全隐患提出处置建议。

素质目标

（1）具有质量意识、环保意识、安全意识、信息素养。

（2）具有自我管理、职业生涯规划的意识。

学习导读

　　随着城市建设的发展，一座城市的给水排水管网的使用状况，很大程度上取决于管网的管理与维护工作。

　　市政管道工程施工完毕，经过一段时间的使用后，由于设计上的缺陷、工作条件和外界环境的变化、施工中存留的质量隐患、设备和材料的腐蚀老化等原因，管道系统的性能会逐渐减退，最终丧失管道设施的功能，影响正常使用。因此，应按照规范要求对管道系统进行必要的维护管理。

任务 1　市政给水排水管道的管理和维护

市政给水排水
管道的管理和
维护微课（一）

市政给水排水
管道的管理和
维护微课（二）

一、给水管道的维护管理

市政给水管网的维护与管理最主要的任务是检漏与修复。防止管网漏水不但可降低给水成本，也相当于新开辟了水源。另外，漏水还可能使建筑物的基础失去稳定而造成建筑物的破坏。因此，检漏和防漏对于经济效益、社会效益、环境效益和供水安全都具有很大的意义。

引起漏水的原因很多，如：

（1）土壤对管壁的腐蚀，水管本身质量缺陷，水管使用时间过长，都可能导致管道破裂；

（2）管线接头不密实或基础不平整引起接头松动；

（3）因阀门关闭过快或失电停泵，引起水锤使管壁产生纵向裂纹，甚至爆裂；

（4）阀门因腐蚀、磨损或污物嵌住而无法关紧等；

（5）管线穿越障碍物的措施不当，或水管被运输机械等动荷载压坏，使水管产生横向裂纹或接头松动等。

（一）管网检漏

检漏的方法有直接观察法、听漏法、分区检漏法等，可根据具体条件选用。

1. 直接观察法

直接观察法是指从地面上观察有无漏水痕迹来判断是否漏水的方法。一般当发现下列情况之一时，说明给水管道可能漏水。

（1）地面上有"泉水"出露现象。

（2）在给水管道敷设不久后，局部位置的管沟回填土下塌速度比其他位置快。

（3）地面的局部位置出现潮湿。

（4）柏油路面发生沉陷。

（5）给水管道上局部位置的青草生长茂盛。

2. 听漏法

听漏法主要应用听漏器寻找隐蔽的漏水现象（即暗漏），是确定漏水部位的有效方法。听漏分接触听漏、钻洞打钎听漏和地面听漏三种方式，一般在深夜进行，以免受到车辆行驶和其他杂声的干扰。

听漏器是用听觉鉴别管道因漏水而产生的微小振动声的工具，有不用电流的和用电流两种，前者为单柄式或双柄式听漏棒，后者为专门的电子检漏仪，它们都有扩大和传递漏水声的功能。

（1）听漏棒。

图 6-1 为最简单的听漏工具（听漏棒）。听漏棒的原理与听诊器类似，空心木管（或外包木质护理的铜管）的一端接一个与耳机相似的内有铜片的空心木盒，另一端的空孔中塞以少许白蜡，以免堵塞，检漏时，耳朵紧贴空心木盒，将木管另一端放在欲检查的地面、阀门或消火栓上。如果管道有漏水现象，漏水的声音在木管中发生共鸣，传至空心木盒内的铜片，就发出类似铜壶烧水将要沸腾的声音。

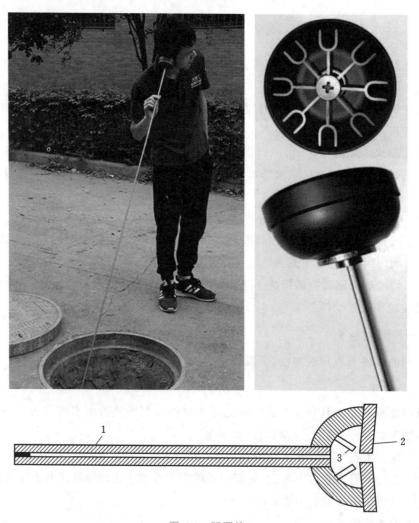

图 6-1　听漏棒
1—空心木管；2—空心木盒；3—铜片

这种听漏器在无风和无其他杂音的情况下，可检查出埋深 1～1.5 m 的管线在 1～2 m 范围内的漏水地点。听漏效果取决于听漏者的经验和对地下管线的熟悉情况。听漏时尽可能沿管线进行。听漏点的距离，根据水管使用年限和漏水的可能性凭经验选定。

（2）电子检漏仪。

电子检漏仪是比较现代化的检漏工具，它由听音棒、传感器和显示器三部分组成。听音棒通过晶体探头将管道漏水时发出的低频振动转化为电信号，经传感器放大后由耳机听到或在仪表上显示出来,如图 6-2 所示。

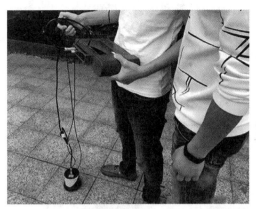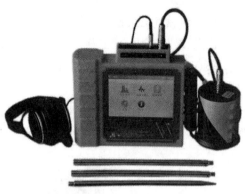

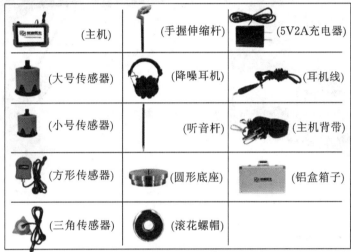

(主机)	(手握伸缩杆)	(5V2A充电器)
(大号传感器)	(降噪耳机)	(耳机线)
(小号传感器)	(听音杆)	(主机背带)
(方形传感器)	(圆形底座)	(铝盒箱子)
(三角传感器)	(滚花螺帽)	

图 6-2　电子检漏仪

电子检漏仪的灵敏度很高,所有杂声均可放大听到,故在放大器中设有滤波装置,以减少杂音干扰,放大真正的漏水声。

3. 间接测定法

间接测定法是指通过测定给水管道的水压与流量是否正常来判断是否漏水的方法,这种方法可以测出漏水地点。

(1)水压测定。

测定水压时,可在给水管道下方设置导压管,在导压管上安装压力表,从压力表上即可读出该处的水压,如图 6-3 所示。

(2)流量测定。

流量测定时,可采用压差流量计、电磁流量计和超声波流量计等设备。

图 6-3　水压测定装置

① 压差流量计。

压差流量计（见图 6-4）主要由节流装置、压差引导管和压差计组成。

压差流量计的优缺点如下：

优点：结构牢固，性能稳定，使用寿命长，应用范围广等。

缺点：会造成压力损失，测量精度低，对现场安装条件要求高等。

② 电磁流量计。

电磁流量计（见图 6-5）是根据法拉第电磁感应定律制成的一种测量导电液体流量的仪器。

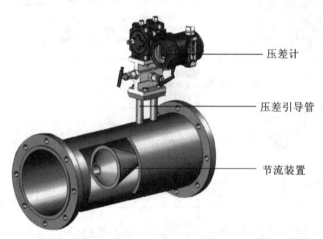

图 6-4　压差流量计

图 6-5　电磁流量计

电磁流量计的优缺点如下：

优点：不会造成压力损失，测量精度高，可测量腐蚀性流体等。

缺点：不能测量非导电液体，具有一定的局限性；安装和调试比较复杂；价格较高等。

③ 超声波流量计。

超声波流量计（见图 6-6）主要由探头和主机组成，它是利用超声波传播原理测量给水管道内的液体流量的。

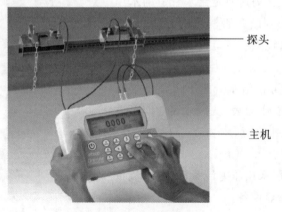

图 6-6　超声波流量计

超声波流量计的优缺点如下：

优点：不会造成压力损失，可以测量各种类型液体的流量，安装简便等。

缺点：不能测量温度高于 200 ℃的液体，抗干扰能力差，使用寿命短等。

4. 分区检漏法

这种方法是把整个给水管网分成若干小区域，将被检查区与其他区相通的阀门和该区内连接用户的阀门全部关闭，暂停用水。在某一起控制作用的阀门前后跨接一直径为 10～20 mm 与水管平行的旁通管，在旁通管上装有水表，然后打开阀门，让该区进水。若该区管线不漏水，水表指针应不转动；若漏水，将引起旁通管内水流动而使水表指针转动。这时可从水表上读出漏水量，如图 6-7 所示。

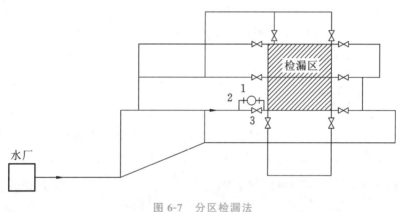

图 6-7　分区检漏法
1—水表；2—旁通管；3—阀门

照此法可将检漏区再分小区检查，逐步缩小范围，并结合听漏法即可找出漏水地点。找到漏水点后应在漏水点做好标记，以便及时检修。

分区检漏法只要在可短期停水和不影响消防的情况下才能进行。

通过各种检漏方法查出漏水地点后，应立即堵漏修复，以保证管线正常工作。

（二）堵漏

查到漏水点后，可根据漏水原因、管道材质、管道连接方法确定堵漏方法。常用的堵漏方法可分为承插口漏水的堵漏和管壁小孔漏水的堵漏。

1. 承插口漏水的堵漏

承插口漏水时，先把管内水压降至无压状态，再将承口内的填料剔除，最后重新打口。如管内有水，应用快硬、早强的水泥填料（如氯化钙水泥和银粉水泥等）。对水泥接口的管道，当承口局部漏水时，可不必把整个承口的水泥全部剔除，只需在漏水处局部修补即可。如青铅接口漏水，可重新打实接口或将部分青铅剔除，再用铅条填口打实。

2. 管壁小孔漏水的堵漏

对于管道因腐蚀或砂眼造成的小孔漏水，可采用管卡堵漏、丝堵堵漏、铅塞堵漏和焊接堵漏等方法。

管卡堵漏时，如水压较大应停水堵漏，如水压不大可带水堵漏。堵漏时将锥形硬木塞轻轻敲打进孔内堵塞漏水处，紧贴管外皮锯掉木塞外露部分，然后在漏水处垫上厚度为 3 mm 的橡胶板，最后用管卡将橡胶板卡紧即可。

丝堵堵漏时，以漏水点为中心钻一孔径稍大于漏水孔径的小孔，攻丝后用丝堵拧紧即可。

铅塞堵漏时，先用尖凿把漏水孔凿深，塞进铅块并用手锤轻打，直到不漏水为止。

焊接堵漏时，把管道降至无压状态后，将小孔焊实即可。

二、排水管道的维护管理

排水管道维护的主要内容为管道堵漏和清淤。排水管道漏水时，可根据漏水量的大小和管道的材质，采用打卡子或混凝土加固等方法进行维修，必要时应更换新管。

（一）检查方法

1. CCTV 检查法

如图 6-8 所示，CCTV 检查法是指采用 CCTV 系统对排水管道进行检查的方法。检查时，将 CCTV 系统安装在爬行器上，使其进入排水管道进行摄像记录，技术人员根据摄像资料，对排水管道状况进行判定，进而确定是否需要疏通或修理。

图 6-8　CCTV 检查法

2. 声呐检查法

声呐检查法是指采用声波反射技术对排水管道进行检查的方法，其主要用于高水位的排水管道检查。检查时，将声呐传感器放入排水管道内，使其发出声波，声波遇到管壁或管中物便会反射回来，反射回来的声波信号经计算机处理后形成声呐图像，通过图像分析便可了解排水管道的内部情况，如图 6-9 所示。

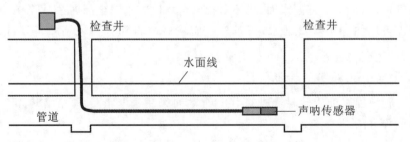

图 6-9　声呐检查法示意图

3. 观察检查法

观察检查法是指通过观察检查井水位、水质等情况来判断排水管道是否堵塞或损坏。例如,观察同条排水管道相邻的检查井水位,如果发现水位不相等,则可断定排水管道堵塞;观察检查井的水质,如果发现上游检查井的水为正常的雨、污水,而下游检查井的水为黄泥浆水,则可断定排水管道中间有断裂或塌陷。

4. 潜水检查法

潜水检查法适用于大口径排水管道,它是指潜水员进入排水管道,通过观察和手摸管壁来进行检查。采用潜水检查法时,排水管道的直径不得小于 1200 mm,水流速度不得大于 0.5 m/s。从事潜水检查作业的单位和人员必须具有特种作业资质。

(二)清通方法

排水管道为重力流,发生淤积和堵塞的可能性非常大,常用的清淤方法有以下四种。

1. 水力清通法

将上游检查井临时封堵,上游管道憋水,下游管道排空,当上游检查井中水位提高到一定程度后突然松堵,借助水头将管道内淤积物冲至下游检查井中。为提高水冲效果,可借助"冲牛"进行水冲,必要时可采用水力冲洗车进行冲洗。

2. 竹劈清通法

当水力清通不能奏效时,可采用竹劈清通法。即将竹劈从上游检查井插入,从下游检查井抽出,达到将管道内淤物带出的目的,如一根竹劈长度不够,可连接多根竹劈。

3. 机械清通法

当竹劈清通不能奏效时,可采用机械清通法,如图 6-10 所示。即在需清淤管段两端的检查井处支设绞车,用钢丝绳将管道专用清通工具从上游检查井放入,用绞车反复抽拉,使清通工具从下游检查井被抽出,从而将管道内淤物带出。根据管道堵塞程度的不同,可选择不同的清通工具进行清通。常用的清通工具有骨骼形松土器、弹簧刀式清通器、锚式清通器、钢丝刷、"铁牛"等。清通后的污泥可用吸泥车等工具吸走,以保证排水管道畅通。因排水管道中污泥的含水率相当高,现在一些城市已采用了泥水分离吸泥车。

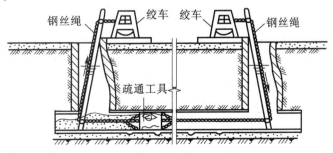

图 6-10　机械清通法

4. 采用气动式通沟机与钻杆通沟机清通管道

气动式通沟机借压缩空气把清泥器从一个检查井送到另一个检查井,再用绞车将该机尾部的钢丝绳向后拉,清泥器的翼片即行张开,这样就可以把管内淤泥刮到检查井底部。钻杆通沟机是通过汽油机或汽车引擎带动一机头旋转,把带有钻头的钻杆由检查井通入管道内,机头带动钻杆转动,使钻头向前钻进,同时将管内的淤泥物清扫到另一个检查井内。

（三）检查井与雨水口的维护

1. 检查井沉陷

检查井沉陷是城市排水系统普遍存在的问题。其中较有效的维护方法有:先是在井筒砌筑时颈脖处安装防沉陷的盖板,后来改为直接在颈脖处现场浇筑混凝土,同时增加钢筋用量,盖板厚度也加大到 30 cm,大大增加井口周围的承压能力,防止井盖沉陷。目前更好的办法则是伴随道路结构层施工进行检查井调整,采用混凝土浇筑,道路每施工一层,就浇筑一层混凝土,使检查井井筒更加牢固,有效防止井盖沉降。

2. 更换井盖及井座

改造雨水口、更换雨箅时,有时采用当地产品,形式与给水排水标准图集中的构件不同,这时需进行雨箅的泄水能力计算,当雨水口不能满足泄水要求而增设雨箅时,不能仅关注雨箅的泄水能力,还应该核算连接管的输水能力,避免盲目增加雨箅。

（四）市政排水管网的日常巡视检查

在日常工作中应该对市政排水管网的检查加以重视。专门成立巡查小组,对于巡查人员,应该进行专业的技术培训,让他们掌握管道检查的基本技术能力,熟知必要的专业知识,平时更应该加强对巡检人员的管理和培养,发现问题及时与有关部门联系、汇报并及时处理。以下几点可作为巡视重点:

1. 排查检查井和雨水口坍塌及井箅丢失

检查井和雨水口坍塌及井箅丢失不仅易造成排水不畅,更容易影响交通和行人安全,所以应作为日常巡视的重点,发现问题及时维修和更换。

2. 防止污水接入雨水口

施工废水的排放是巡视重点。由于施工废水往往含有泥土、砂石、水泥浆等易凝、易沉降的物质,淤积后清疏困难,将造成管道逐步堵塞,影响整条管线疏通。雨水口由于其分布广、接近建筑,往往成为零星排水的接入点。为防止雨水口堵塞,应加强管理,禁止油脂含量高、杂物多的污水接入雨水口。

3. 防止垃圾进入雨水口

雨水口一般低于地面且有一定面积的孔洞,能有效收集雨水,但同时杂物也容易进入,严重时甚至使整个雨水口井身堵塞。这不仅降低了雨水口的泄流能力,也增加了雨水口乃至排水管道的维护工作量,对此需要有一定的制度进行约束。

（五）养护人员下井的注意事项

排水管渠中的污水通常会析出硫化氢、甲烷、二氧化碳等气体,某些生产污水可能析出石油、汽油或苯等气体,这些气体与空气中的氮混合后能形成爆炸性气体。煤气管道失修、渗漏可能导致煤气溢入管渠中造成危险。如果养护人员要下井,除应佩戴必要的劳保用具外,下井前必须先将安全灯放入井内,如有有害气体,由于缺氧,安全灯将熄灭;如有爆炸性气体,灯在熄灭前会发出闪光。当发现管渠中存在有害气体时,必须采取有效措施排除,例如将相邻两检查井的井盖打开一段时间,或者用抽风机吸出气体。排气后要进行复查。即使确认有害气体已被排除干净,养护人员下井时仍应有适当的预防措施,例如在井内不得携带有明火的灯,不得点火或抽烟,必要时可戴上附有气袋的防毒面具,穿上系有绳子的防护腰带,井外必须留人,以备随时给予井下人员以必要的援助。

任务 2　市政管道非开挖修复技术

市政管道非开挖修复是指在用管道所处的环境无法满足开挖重建的要求,或开挖重建很不经济,经技术经济综合分析而又不应废弃的情况下,为改善管道的流动性和结构承载力,延长使用寿命而采用的一种在线维修方法。该技术主要针对旧管道内壁存在的腐蚀和结构破坏进行防护和修复,主要方法有局部修复和整体修复两大类。

市政管道非开挖
修复技术

一、局部修复

(一)套环法

套环法是在管道需修复部位安装止水套环来阻止渗漏的方法,如图 6-11 所示。施工时,在套环与旧管之间还需要加止水材料。常采用的套环有钢套环和 PVC 套环,止水材料有橡胶圈和密封胶。该法的缺点是套环影响水的流动,容易造成垃圾沉淀,对管道疏通也有影响,当用绞车疏通时套环容易被拉松甚至被带走。

图 6-11　管道局部修复套环法

(二)注浆法

注浆法(图 6-12)是使用专用设备,在压力的作用下将浆液(化学浆液或水泥灰浆)或树脂注入管道的裂隙区,以达到防渗目的的修复方法。

注浆法主要用于修复管道的渗漏处(接头部分)或砖制的污水管道,前提是管道的结构完好。

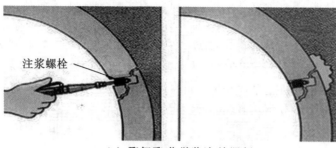

（a）聚氨酯(化学浆液)堵漏剂

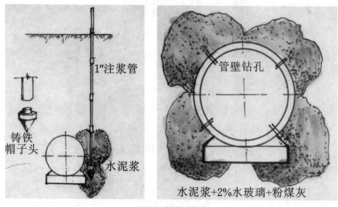

（b）水泥浆液

图 6-12　管道局部修复注浆法

二、整体修复

（一）内衬法

传统的内衬法是通过破损管道两端的检查井（或阀门井），将一直径稍小的新管道插入（或拉入）到旧管道中，在新旧管道间的环形间隙中灌浆，并予以固结的一种修复方法。插入的新管道一般是聚乙烯管、塑料管、玻璃钢管、陶土管、混凝土管等；灌浆材料一般为水泥砂浆、化学密封胶。

该法适用于各种市政圆形管道的局部修复，管径一般为 100～2500 mm。施工简单、速度快、对工人技术要求低、不需要投入大型设备，但修复后管道的过流截面积减小，影响了管道的使用。

为了弥补传统内衬法的不足，可用管径与旧管相同的聚乙烯管作为新管。施工前通过机械作用使其缩径，然后将其送入旧管内，再通过加热、加压或靠自然作用使其恢复到原来的形状和尺寸，从而与旧管密合，以尽可能保证管道修复后过流截面积不减小。

1. 聚乙烯（PE）管缩径修复技术

聚乙烯管缩径修复技术，在施工时将标准的中密度聚乙烯管（MDPE）或高密度聚乙烯管（HDPE）对焊成适当的长度后，利用一组液压辊轧机在现场进行冷轧，使直径减小，便于置入旧管内，当衬管就位后，采用自然恢复方式（管道内衬的恢复时间不得少于 24 h），或者采用辅助压力温度恢复方式进行内衬管复原，形成牢固的管中管，如图 6-13 所示。

图 6-13　聚乙烯管缩径修复技术

管缩径修复技术适用最大管径为 $DN600$ mm,要求开挖大的工作坑(3～5 m),而且施工场地时间占用较长,对交通的影响较大,不适于繁忙的城市主干道的管道修复。同时,由于施工时需要对管材进行机械处理,因此对管材的要求较高。另外,长距离拖拉或牵引,如果不对管材采取保护措施,容易对管体造成损伤。

管缩径修复技术有如下优点:

长久的使用寿命:在额定的温度、压力状况下,HDPE 管道可安全使用 50 年以上;

卓越的耐腐蚀性能:除少数强氧化剂外,HDPE 管材可耐受多种化学介质的侵蚀,无化学腐蚀;

良好的卫生性能:HDPE 管道在加工过程中不添加重金属盐稳定剂,材质无毒性,无结垢层,不滋生细菌,较好地解决了自来水的二次污染问题;

超低的摩阻性能:HDPE 管壁光滑,不结垢,具有超低摩阻,可降低介质在管道内的沿程阻力损失。

2. 聚乙烯(PE)管折叠变形内衬修复技术

U 形衬管使用无接头 HDPE 管,利用材料的形状记忆特性将聚乙烯管预先折叠成 U 形,然后用绞车将 U 形衬管牵引进要修复的管道,最后用压缩空气或蒸汽使之复原并紧贴母管。按折叠方式可分为工厂预制成型和现场成型两种。目前国内应用较多的是现场成型折叠变形内衬修复技术,如图 6-14 所示,原因是现场成型设备已趋成熟,施工工艺简单,相对施工成本也低。本修复技术的优点与聚乙烯管缩径修复技术相同。

3. 聚乙烯灌浆内衬修复技术

聚乙烯灌浆内衬修复技术修复系统是污水管道修复技术的一项创新,如图 6-15 所示。外侧带钉状的聚乙烯软管被折叠成 U 形后从井口牵引进入母管,聚乙烯软管

图 6-14　折叠变形内衬修复

表面钉状物向外，使管衬表面与旧管牢固相贴。管衬外表面与钉状物之间的空隙填充特制喷射灌浆。此种浆料凝固快、硬度高、不变形，使内衬牢固地固定于旧管内壁上。

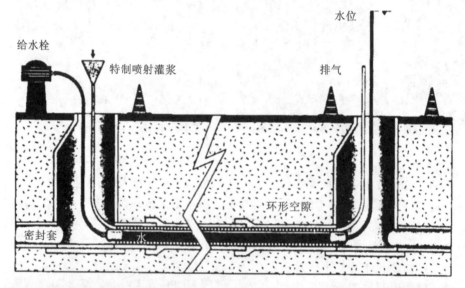

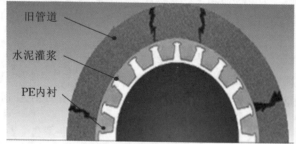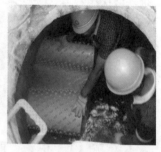

图 6-15　灌浆内衬修复

聚乙烯管内衬的安装无须动土，可以经济方便地通过下水道检查井将裁制好的管衬纵向卷叠引入地下旧管，可减少对道路交通和环境造成影响，并且不受天气和气温的限制。适用管径范围广（150～1600 mm），管道修复后的截面有一定的减小。内衬与原管道之间没有间隙，因而不须密封，本修复技术可用于管道的长距离修复。

4. 聚氯乙烯（PVC）热塑管内衬修复技术（图 6-16）

该聚氯乙烯管能在沸点温度热加工成型，从而保证合成聚氯乙烯管可以现场压塑成几乎任何母管的形状，甚至包括波形管道、大角度弯曲管道以及其他各种不规则管道,也能实现管径变换和接头处偏移。

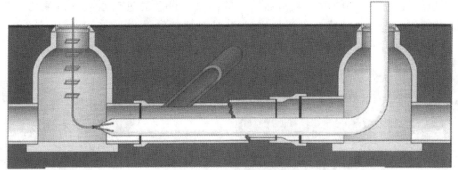

PVC衬管拖入清洁后的母管

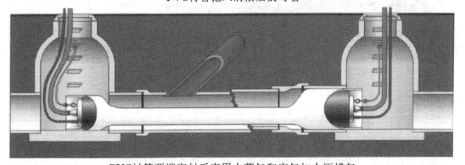

PVC衬管两端密封后应用水蒸气和空气加内压撑起

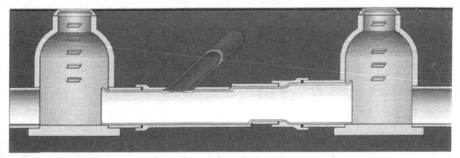

PVC衬管压塑成永久紧密贴合的新管道

图 6-16　热塑管内衬修复

聚氯乙烯热塑管内衬具有高强度、高韧性和紧密贴合性,同时具有极高的抗冲击性以及很强的应力释放特性。独特的释放特性便于衬管的安装,同时保证安装后的衬管的长期稳定性。聚氯乙烯热塑管内衬的另一个重要特性是无安装后收缩。安装后管道无论横向收缩量还是纵向收缩量基本都可忽略,因此,衬管和母管紧密相贴,从而最大限度减少水渗透对管道的影响。

（二）软衬法（图 6-17）

软衬法是在破损的旧管内壁上衬一层热固性树脂,通过加热使其固化,形成与旧管紧密结合的薄衬管,管道的过流截面积基本上不减小,但流动性能大大改善的修复方法。

热固性树脂一般为液态,有非饱和的聚酯树脂、乙烯树脂和环氧树脂三种。为加速其聚合固化作用,可使用催化剂。

施工前,首先将柔性的纤维增强软管、热固性树脂和催化剂加工成软衬管,用闭路电视摄像机检查旧管道的内部情况,然后将管道清洗干净。再将软衬管置入旧管内,通过水压或气压的作用使软衬管紧贴旧管的内壁。最后通过热水或蒸汽使树脂受热固化,从而在旧管道内形成一平滑的内衬层,达到修复的目的。

软衬管置入的方法有翻转法和绞拉法两种。

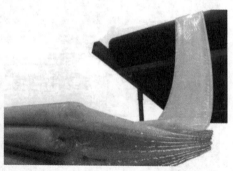

图 6-17　软衬法

1. 翻转法

翻转法也称翻转内衬法（图 6-18）,是将软衬管的一端反翻,并用夹具固定在旧管的入口处,然后利用水压（或气压）使软衬管浸有树脂的内层翻转到外面并与管道的内壁黏结。当软衬管到达终点后,向管内注入热水（或蒸汽）对管道内部进行加热,使树脂在管道内部固化形成新的管道。

翻转法有如下优点:

施工工艺简单,施工周期短,施工占地小,对环境和交通影响较小;修复后的管道整体功能全面改善,设计使用寿命可达 50 年。

2. 绞拉法

绞拉法也称绞拉内衬法（图 6-19）,是将绞拉钢丝绳穿过欲修复的管道后,一端固定在绞车上,另一端连接软衬管,靠绞车将软衬管拉入管道内,最后拆掉钢丝绳,堵塞两端,利用热水（或蒸汽）使软衬管膨胀并固化的施工方法。

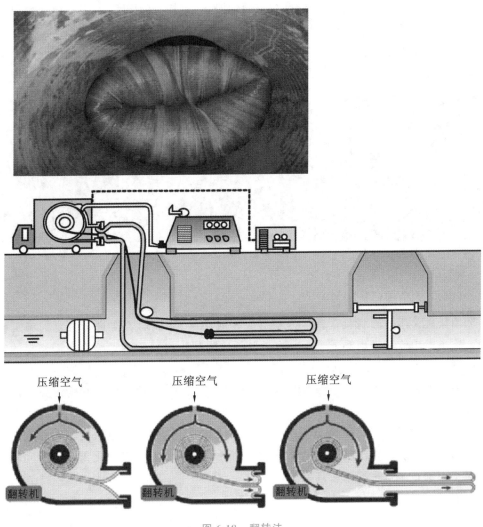

压缩空气　　　　　　　压缩空气　　　　　　　压缩空气

翻转机　　　　　　　　翻转机　　　　　　　　翻转机

图 6-18　翻转法

图 6-19　绞拉法

（三）缠绕法（图 6-20）

缠绕法的工艺过程是，将聚氯乙烯（PVC）或高密度聚乙烯（HDPE）在工厂内制成带 T 形筋和边缘公母扣的板带，用制管机将板带卷成螺旋形管，在制管过程中公母扣相嵌并锁结，同时用硅胶密封，制管完成后将其送入需修复的旧管内，再在螺旋管和旧管间灌注水泥浆，达到修复的目的。

　　该法主要用于管径为 150～2500 mm 的排水管道的修复，施工速度快，可以带水作业，因此可以节省渗漏预处理费用。缺点是对工人的技术要求较高。

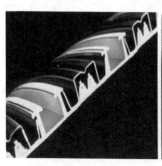

图 6-20　缠绕法

（四）喷涂法（图 6-21）

　　喷涂法是用喷涂材料在管道内壁形成一薄涂层，从而对管道进行修复的施工方法。施工时用绞车牵引高速喷头一边后退一边将喷涂材料均匀地喷涂在需修复的管道内壁上。

　　喷涂材料一般为水泥浆液、环氧树脂、聚脲、改性聚脲，涂层厚度视管道破损情况而定。

　　喷涂法主要用于管径为 75～2500 mm 的各种管道的防腐，也可用于在管道内形成结构性内衬。该方法施工速度快，过流截面积损失小，但涂料固化需要的时间较长且对工人的技术水平要求较高。

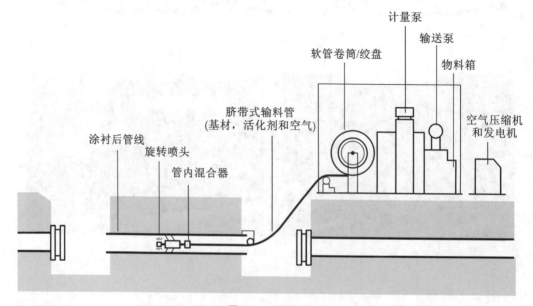

图 6-21　喷涂法

参 考 文 献

[1] 雷彩虹.市政管道工程施工[M].北京:北京大学出版社,2016.

[2] 白建国.市政管道工程施工[M].5 版.北京:中国建筑工业出版社,2022.

[3] 陕西华山路桥集团有限公司,荣学文.市政管道工程施工标准化指导手册[M].北京:中国建筑工业出版社,2020.

[4] 全国一级建造师执业资格考试用书编写委员会.市政公用工程管理与实务[M].北京:中国建筑工业出版社,2022.

[5] 中华人民共和国住房和城乡建设部.室外给水设计规范:GB 50013—2018[S].北京:中国计划出版社,2019.

[6] 中华人民共和国住房和城乡建设部.室外排水设计规范:GB 50014—2021[S].北京:中国计划出版社,2021.

[7] 中华人民共和国住房和城乡建设部.给水排水管道工程施工及验收规范:GB 50268—2008[S].北京:中国建筑工业出版社,2009.

[8] 中华人民共和国住房和城乡建设部.给水排水构筑物工程施工及验收规范:GB 50141—2008[S].北京:中国建筑工业出版社,2009.

[9] 中华人民共和国住房和城乡建设部.建筑与市政工程地下水控制技术规范:JGJ 111—2016[S].北京:中国建筑工业出版社,2017.

[10] 中华人民共和国国家质量监督检验检疫总局,中国国家标准化管理委员会.钢质管道焊接及验收:GB/T 31032—2014[S].北京:中国建筑工业出版社,2015.

[11] 中华人民共和国住房和城乡建设部.埋地塑料给水管道工程技术规程:CJJ 101—2016[S].北京:中国建筑工业出版社,2016.

[12] 中华人民共和国住房和城乡建设部.城镇给水预应力钢筒混凝土管管道工程技术规程:CJJ 224—2014[S].北京:中国建筑工业出版社,2015.

[13] 中华人民共和国住房和城乡建设部.埋地塑料排水管道工程技术规程:CJJ 143—2010[S].北京:中国标准出版社,2010.

[14] 中国工程建设标准化协会,中国城镇供水排水协会.排水球墨铸铁管道工程技术规程:T/CECS 823—2021[S].中国计划出版社,2021.

[15] 中华人民共和国住房和城乡建设部.城镇供热管网设计标准:CJJ 34—2022[S].北京:中国计划出版社,2022.

[16] 中华人民共和国住房和城乡建设部.城镇供热管网工程施工及验收规范:CJJ 28—2014[S].北京:中国建筑工业出版社,2014.

[17] 中华人民共和国住房和城乡建设部.城镇供热直埋蒸汽管道技术规程:CJJ/T 104—2014[S].北京:中国建筑工业出版社,2014.

[18] 中华人民共和国住房和城乡建设部.城镇供热直埋热水管道技术规程:CJJ/T

81—2013[S].北京：中国建筑工业出版社，2014.

[19] 中华人民共和国建设部.城镇燃气设计规范(2020 年版)：GB 50028—2006[S].北京：中国建筑工业出版社，2006.

[20] 中华人民共和国住房和城乡建设部.现场设备、工业管道焊接工程施工规范：GB 50236—2011[S].北京：中国计划出版社，2011.

[21] 中华人民共和国住房和城乡建设部.聚乙烯燃气管道工程技术标准：CJJ 63—2018[S].北京：中国建筑工业出版社，2018.

[22] 中华人民共和国住房和城乡建设部，中华人民共和国国家质量监督检验检疫总局.工业金属管道工程施工规范：GB 50235—2010[S].北京：中国计划出版社，2011.

[23] 中华人民共和国国家能源局.钢制管道熔结环氧粉末外涂层技术规范：SY/T 0315—2013[S].北京：石油工业出版社，2014.

[24] 中华人民共和国国家质量监督检验检疫总局，中国国家标准化管理委员会.钢制对焊管件类型与参数：GB 12459—2017[S].北京：中国标准出版社，2017.

[25] 中华人民共和国国家质量监督检验检疫总局，中国国家标准化管理委员会.埋地钢质管道阴极保护技术规范：GB/T 21448—2017[S].北京：中国标准出版社，2017.

[26] 中华人民共和国住房和城乡建设部.城镇给水管道非开挖修复更新工程技术规程：CJJ/T 244—2016[S].北京：中国建筑工业出版社，2016.